公共艺术设计概论

主编　武贵文

电子科技大学出版社
University of Electronic Science and Technology of China Press
·成都·

图书在版编目（CIP）数据

公共艺术设计概论 / 武贵文主编. — 成都：成都
电子科大出版社，2024.2
ISBN 978-7-5770-0961-2

Ⅰ.①公… Ⅱ.①武… Ⅲ.①公共建筑–建筑设计–
研究 Ⅳ.①TU242

中国国家版本馆CIP数据核字(2024)第047734号

公共艺术设计概论
GONGGONG YISHU SHEJI GAILUN
武贵文　主编

策划编辑　　熊晶晶
责任编辑　　龚 煜
责任校对　　胡 梅
责任印制　　梁 硕

出版发行　电子科技大学出版社
　　　　　成都市一环路东一段159号电子信息产业大厦九楼　邮编　610051
主　页　　www.uestcp.com.cn
服务电话　028-83203399
邮购电话　028-83201495

印　　刷　石家庄汇展印刷有限公司
成品尺寸　185mm×260mm
印　　张　13
字　　数　213千字
版　　次　2024年2月第1版
印　　次　2025年3月第1次印刷
书　　号　ISBN 978-7-5770-0961-2
定　　价　98.00元

编 委 会

前言 preface

公共艺术设计经过了 40 多年的发展，整体水平已与国际同步。艺术设计作为物质文明与精神文明的有机融合体，已渗透至大众生活的方方面面，"设计改变生活"这一理念如今已成为不争的事实。艺术设计类相关专业人才需求紧缺。在全社会向智慧城市、数字城市、生态城市迈进的今天，公共艺术设计专业如何满足现代社会发展需求，如何突出设计专业特色，创建完整的学科体系，成为当前公共艺术设计领域重点关注的话题。作为教育者，笔者认为通过教材建设提高教学质量，提高学生学习效率，是当前公共艺术设计教学创新过程中不可或缺的一环。

本书共分为七章。第一章对公共艺术设计的概念与属性、功能与特征、表现元素及其形式、创作表现形式等进行了介绍，以使学生对公共艺术设计有一个更清晰的认识。要想学好公共艺术设计，需先对公共艺术设计的历史有所了解。因此，第二章对公共艺术设计的溯源与变迁进行了介绍。第三章则从时间维度、空间维度及精神内核三个方向出发，对公共艺术进行了进一步阐释。第四章以实用性为落脚点，主要围绕公共艺术中的设施设计进行分析，内容主要包括公共设施的基础概述、地域文化与公共设施关系、公共艺术设施的具体类型及公共设施设计的程序与方法，希望能为学生认识公共艺术设计提供一些新方向。美学与人们的生活息息相关，公共艺术设计必须依托于美学，才能符合现代人的审美需求，因此第五章从美学角度入手，对装饰设计及相关知识，如公共艺术装饰设计的本质解释、公共装饰设计中的现代纤维艺术、公共空间与装饰艺术融合的影响因素等进行介绍，并结合实际论证了公共空间与装饰艺术的融合路径。第六章则致力于科技型公共艺术，即公共艺术智能设计的研究，主要介绍了公共艺术智能设计的定义与特性、基本类型、技术因素及应用实践等。第七章对原生态设计理念背景下的公共艺术进行了研究，主要包括公共艺术设计中的原生态之美、原生态设计在公共景观艺术中的价值、原生态设计理念在公共艺术中的体现与原生态设计理念对现代公共艺术的启示等内容。

本书是面向艺术院系公共艺术设计专业的教材，编者均是奋战在教学岗位一线的艺术院系公共艺术设计专业的教学骨干。本着将丰富的公共艺术设计经验和严谨的治学态度传授给学生的愿望，编者也期望将公共艺术设计的精神传达给学生，使学生了解作为设计师应有的社会使命感和责任心。

目录 content

第一章 公共艺术设计的诠释与扩展

第一节 公共艺术设计的概念与属性

一、公共艺术设计的概念界定

（一）公共艺术

公共艺术（public art）一词出现在人民视野中的时间不算久远。即使在当今社会经济快速发展的情况下，其对人民来说仍然是一个充满魅力和潜力的新生事物。人们对公共艺术的争议从未停止，出现了很多不同的声音。有学者把公共艺术视为一种新出现的概念或一种存在的意识，是社会快速发展下出现的一种文化现象；有学者认为，公共艺术不能以一个独立的学科存在，其中涉及的学科与行业众多，范围较广，单以一个独立的学科存在是不够的。

将公共艺术一词分解开来看，公共有"公共、民众"之意，而艺术则指人对社会生活、精神需求的意识形态表现，也可理解为审美技能、审美精神与物质材料相互作用下的创造性劳动。因此，艺术又是人的意识形态和社会生产形态有机结合的产物，它的创造过程是一种精神文化的形成过程。公共艺术一词从字面意思来看，是指公共的、开放的、大众化的艺术，也有人把公共艺术单纯理解为公共空间里的艺术。实际上，公共艺术和公共空间里的艺术并非同一事物，两者存在着本质区别。公共空间里的艺术是指放置在公共场所里的艺术品。20世纪70年代之前，公共空间里的艺术更多是指设置在公共空间里的雕塑等艺术品，它是以建造环境景观为目的产生的，其作用在于装饰城市，使城市环境更加美观，而公共艺术的含义却并非如此简单。

2004年10月，"公共艺术在中国"学术论坛在深圳召开。此次论坛由深圳市美术家协会主办，共有 19 位来自全国各地的从事城市规划、建筑、雕塑、环境艺术和文化理论研讨的学者依据论坛拟定的研讨课题提交了论文，并从不同的视角和层面分别对公共艺术作出定义。

第一，公共艺术是一个带有浓重社会学与文化学的概念，而非纯艺术的概念。

第二，公共艺术不是某种具体样式，而是代表艺术发展的一种文化现象。

第三，公共艺术是场合艺术文化，是公共空间里的艺术，场合的性质决定了公共艺术的性质和表现方法。

第四，公共艺术的核心，必须是艺术的，不能将其泛化为公共环境中的一切。

第五，公共艺术绝非只是产生在公共场合或公共空间的艺术，公共场合或公共空间仅仅是公共艺术产生的必要条件，公共性才是公共艺术的要义和灵魂。

第六，公共艺术要解决的不是美化环境的问题，而是社会的问题；它所强调的不是个人的作风，而是最大限度地与社会大众之间的沟通、交流和共享。

从上述不同层面和不同视角的阐述中可以看出，公共艺术有两个必要的存在条件，第一个条件是公共空间，第二个条件是公众参与，这两个必要条件是相互影响的。一方面，公共艺术作品的设置场所是公共空间；另一方面，城市中的公共艺术是以人的交往需要为核心而展开的人们对空间的感知体验和视觉审美。出现在公共空间里的艺术品，如果缺少公众参与这一环的话，并不能算作公共艺术。由此可见，公共艺术的三个基本要素为开放的公共空间、公众参与、设计师人性化的设计。其中，公众参与是最基本的要素。公共艺术离不开公众的参与，决策方要想用作品反映公共需求、实现作品背后的公共利益，就需要与公众进行反复的交流与探讨。设计师在此过程中要作为一个桥梁，对双方起到专业引导、疏通意见的作用。要总结分析各方的要求，协调各方关系，使公共艺术作品得以在相对开放的空间里运作和实现。

不同国家和地区的公共艺术实践因为政策、法规、文化观念及实施的方法不同而呈现出差异化。但也有共性，其共性在于运用政府给予的经费和社会资源去建设有利于社会公众精神和文化生活的艺术项目，重点在强调和倡导艺术的社会性、全民性、公共参与性和文化福利性。可见，除了上述三个基本要素之外，公共艺术实践也离不开政府机构的支持和辅助，这也是公共艺术得以实现的重要因素。

公共艺术的概念界定有狭义和广义两种。狭义的公共艺术是指设置在公共空间中能符合民众审美的视觉艺术，如雕塑、壁画等；广义的公共艺术是指私人、机构空间之外的一切艺术创造与环境美化活动，如场馆展览、音乐演出、迁移计划、商业文化展示等。简单来说，这两个定义的区别在于一个是私人的，另一个是非个人机构空间的。

从公共艺术概念的内涵方面来说，它更多与传统意义上的城市雕塑和公共空间的文化界定紧密相关；从外延方面来说，它又与城市设计、景观公共艺术设计、城市生态环境、城市风貌特征、城市建筑、城市规划紧密相关。过分地将公共艺术的定义狭义化，会使公共艺术不能涵盖它所具有的当代意义，从而背离它本身鲜明的城市建设的实践特征；而过分地泛化公共艺术的定义，又会使其漫于无边无际，最后的结果是城市公共空间的任何设计行为都成了公共艺术。鉴于此，本书从广义概念上来探讨、解析景观公共艺术理论，而在设计实践环节则更多地倾向它的狭义概念。这样合理划分，有助于我们理解公共艺术以及掌握公共艺术的设计方法。

（二）公共艺术设计

20世纪60年代，社会经济、科技发展进入了一个后工业化的阶段，后现代主义思潮的出现，以及人们对艺术和社会关系的重新思考，直接催生了当代的公共艺术。艺术家们开始走出个人工作室，打破传统雕塑的观念，让作品能够最大程度与社会公众接触，个性十足的装饰艺术设计从此进入公共艺术时代。公共艺术设计的概念名称源于美国国家艺术基金会实行的"公共艺术计划"（1965年），此后逐渐在欧洲的一些国家展开，再影响到亚洲的国家。

公共艺术设计是新兴的学科，这门学科旨在通过公共艺术设计的导入，改变城市的面貌，表达当地的身份特征与文化价值观，进行某个区域公共精神的构建。由此可见，公共艺术设计能够对城市身份的识别和城市性格的塑造起到重要的作用。公共艺术设计能够通过改变所在地的景观设计，突出该地区的某种特质，以唤起人们对社会问题、环境问题等的思考与认识。城市公共空间是具象的，每种场所由于其所处的地理位置和场所职能、社会职能不同，又会形成不同的场所精神。在公共艺术的设计中，设计师对于每一件公共艺术作品的创作都是在创造自我和他者的信息交流通道，其体现的不仅是设计技巧，还饱含公共艺术作品与环境和谐共处的意图，是对公共精神的铸就。单纯强调公共艺术设计的公共性或艺术性都失之偏颇，相较于其他类型的设计，公共艺术更加注重人文内涵。当今社会的发展主题是生态和谐，现代公共艺术设计正是通过运用丰富的艺术语言，消除社会发展给环境带来的困扰，创造人类生存和社会环境的生态和谐。例如，由荷兰花卉协会赞助并设置在巴黎街头的绿色透明泡泡花园，给过往行人提供了一个有别于城市混凝土的花园。人们可以在这个花园里享受美丽的景色、新鲜的空气。因此，公共艺术设计对于社会、环境的重要性可见一斑。

二、公共艺术设计的多重属性

（一）社会属性

公共艺术是一种面对社会的，以大众为受众对象，以大众审美需求为目的的艺术。回顾公共艺术的发展历程，其社会性体现在两个方面：一是公共艺术服务于社会的实用功能；二是公共艺术反映了人民群众的思想追求。大众文化的迅速发展，促使公共艺术向商业化方向发展，在艺术表现上呈现出多元化的形式，从以往单一的具象形态转变为抽象形态，如金属雕塑成为典型的公共艺术形式。在较宽松的市场环境和多元化的艺术观念的氛围中，公共艺术结合自身特点，艺术家开始更多地关注百姓生活。例如，雕塑《深圳人的一天》，艺术家在创作之前就做了很多的社会调查，在充分了解民意的基础上，以市民化、大众化的标准塑造了十八个普通深圳市民的形象。再如，在北京王府井，艺术家创作的《老北京》街头雕塑，让游客与雕塑作品对话，用艺术形式讲述着历史的变迁。

（二）文化属性

公共艺术作为一种视觉艺术，是大众文化的载体，无论其内涵还是表现形式，都应和大众生活相联系。一方面，艺术作为展现人精神和心灵的工具，通过对物质形象和文化内涵的整理，来揭示和表现人类社会的情感与记忆，并传达公众的意志；另一方面，公共艺术作为精神化的城市空间构筑方式，还具有丰富而深刻的文化属性。

公共艺术设计传播的媒介形式及方式，可能是雕塑、壁画、装置、行为、网络视像、多媒体、公益广告或综合性的场景空间设计。无论什么样的形式，公共艺术设计都不等同于一般商业目的的广告或单一的政治意识形态的宣传品，也不等同于仅仅追求美学价值的环境美化的行为。其重要的目的和意义在于建构当代社会民主、和谐的文化氛围和多元、开放的公众舆论空间。

当代公共艺术不仅能美化人们的生活，还具备特殊的文化属性，能够满足公众的审美需求和精神需求，体现社会的文化趋向。与环境相和谐的公共艺术设计作品可以提升城市的文化价值，不和谐的公共艺术设计作品则起到相反的作用。美国城市规划学家埃罗·沙里宁说："让我看看你的城市，我就能说出这个城市的居民在文化上追求的是什么。"[①] 北京的胡同和城墙、巴黎的凯旋门和埃菲尔铁塔、伦敦的大本钟、纽约的自由女神像等都代表了一座城市的形象和气质，反映着一座城市居民的生活历史与文化态度，给予人们某种确定的文化意义和心灵向往。它们已经发展成为城市文化的重要标志和名片，展示着城市文化风貌，这正是公共艺术起到的独特作用。

（三）教育属性

公共艺术设计的文化传播内容对公众具有教育意义。公众是国家的重要组成部分，对公众进行教育、引导是公共艺术设计应尽的责任。公共艺术设计作

---

① 杨玲，张明春. 城市公共环境设施设计 [M]. 北京：中国戏剧出版社，2018：2.

品通过实体材料构成具有感染力的造型，以渐进、反复渗透的方式日积月累地传播美学信息，对公众发挥美育功能。优秀的公共艺术设计作品能经受住时间的考验，能产生震撼人心的精神效应，作品中蕴藏的精神信息具有某种冲击力，会在刹那间引起人们深刻的心灵感应，从而触发观者一系列的心理活动，这便是公共艺术设计教育属性的作用方式。许多优秀的公共艺术设计作品，如纪念碑雕塑、大型史诗壁画艺术，体现了一个国家、民族的崇高理想和斗争历史；人们可以从中了解民族的过去，也可以从中真切地体味现实，在潜移默化中得到教育与感染。公共艺术设计可以提高人的精神与文化水准，使公众变得崇高，实现育人的综合目的。

公共艺术设计既是一种外在的、可视的艺术运作和存在方式，在整体上又是一种蕴涵丰富社会精神内涵的文化形态。它是艺术与社会之间的纽带，是社会公共领域、文化领域的开放性平台，也是政府、公众和艺术家群体之间进行合作、对话的重要领域。因此，公共艺术不仅是艺术本身，还蕴涵着社会政治思想和人文精神，具有明显的教育属性。公共艺术设计的文化传播内容对公众的教育性体现在历史文化的传播、审美文化的传播、环境教育文化的传播、中华优秀传统文化的传播，以及地域特色文化的传播等方面。

第二节　公共艺术设计的功能与特征

一、公共艺术设计的功能

（一）艺术审美

公共艺术带来的环境审美化以及日常生活的审美化，加深了我们对于审美本质的理解。从某种意义上说，它就是对审美本质的当代呈现。

日常生活审美化是人类社会实践的必然产物。人之所以和动物有区别，是因为人能够按照物种尺度或人的内在尺度进行自由的审美创造，从而摆脱了蒙昧野蛮的原始状态，不断推动人类文明的进步，这是对艺术设计审美特质的深刻洞察。日常生活中的美，被视为人类不断进步、发展的过程中取得的成果。当我们从这个角度来审视日常生活审美化的价值时，不难发现，人类创造形态（或称为"造型"）的能力，在现代高度发达的科技工艺中，展现出极为璀璨夺目、引人入胜的美。这种美体现在技术进步所带来的形式美上，也体现在大规模物质生产的产品所蕴含的美中。

从审美价值来看，工业环境和工业产品中的美丝毫不逊色于艺术领域中的美，二者之间并不存在精英主义者标榜的尊卑高下之分。相较于纯粹的精神文化，工业设计、公共艺术所造就的日常生活审美化以规律性、目的性的统一为最高要求，并通过实用因素、经济因素和审美因素的完美结合来提高大众的物质生活水平和精神生活水平。例如，威廉·瓦根菲尔德设计的著名的 WG24 玻璃台灯，其简洁实用的风格受到了大众的一致喜爱。可见，人们在消费物品的实用性时，也获得了最终的审美体验。当前以艺术设计（包括公共艺术设计）

为主体的日常生活审美化揭示的意义在于：人类的需要具有从生存、发展到自我实现的层次性，但各个层次之间不是相互割裂、互不关联的。随着社会生产力的发展，人们的物质性满足成为现实以后，人们有权利追求更高的精神需求，也不再把现实生活看作单纯满足实用的生存物质需要，而是可以在物质性的生存活动中融入审美体验、精神需求，重新恢复了物质生产和精神文化的原初性。这时的审美活动就不是一种绝对的和现实拉开距离的"审美静观"，而是完全可以和生活本身融为一体的。从这个意义上来说，日常生活审美化标志着我们的社会形态正在进入一个新的时代——大审美经济时代。

作为日常生活审美化表征之一的公共艺术，以一种前所未有的力量渗透并影响着我们的社会生活。公共艺术的出现显然给我们提供了一个观察、体味审美本质的新平台，在公共艺术的创作、欣赏过程中，其潜移默化地影响社会公众，提升审美趣味和审美能力的功能也得以凸显。

（二）公众参与

提高城市与地区的艺术品位，几乎是每个管理者和居住者的理想。而公共艺术的设计和创意，其功能正在于挖掘、继承、发扬城市文脉和地方文化特征，提高城市的艺术品位和文化含量。

公共艺术是由市民广泛参与并反映社群利益与意志的艺术方式，因此其社会和文化利益的主体必然是市民大众。艺术的建设在美化和优化城市生活环境的同时，也将市民认识和体验社会作为利益和责任的共同体的实践过程，这是公共艺术建设的一个极为重要的文化内涵和意义。

市民的概念在此并非仅指拥有城市户籍的居民，而是指参与并履行城市社会公民的权利与义务契约的城市居民。他们中的每一位都是创造和构成城市社会公共生活、文化制度及生存环境等诸形态的主人。从政治社会学的角度看，那些在诸如行政制度、财产归属、道德规范、公共权益乃至社交礼仪等方面达成共同利益和共识的人们，正是他们构成了区别于国家概念的市民社会。

在市民社会中，应以平等、自由、互助、互利为原则，强调在城市公共文化艺术领域的建设上更多地倾听市民公众的意愿，使公共艺术真正地为人民服务。从特定的角度上看，公共艺术及文化与社会政治的关系密不可分。

公共艺术的文化内涵和精神特质充分反映了市民大众的意志、情感及审美理想，使公共艺术成为在市民广泛参与下反映他们对社会文化和过去、现在及未来的理解与态度的艺术表达方式，使公共艺术成为体现市民大众自身文化意识和多样化审美意趣的平台。

公共艺术建设的一个重要目的和意义，就是要使市民大众在自身生存环境的艺术文化活动中，体会到作为社会主人翁所应有的市民的职责、荣耀和尊严，感知到一个普通市民应有的参与社会公共事务的义务和能力，并且把对公共艺术事务的参与作为民主参政、议政活动的有机组成部分。

（三）地域标志

当公共艺术作品以其特有的地域文化内涵和艺术形式，依附时代的人文背景而存在，并具有一定的纪念性和鲜明的视觉特征时，它就成为地域性的标志。

作为一种文化性的符号而存在，公共艺术可以在某种感性形式的基础上向人们显露其背后蕴涵着的某种特定的历史文化内涵和人文精神，成为直接或间接向公众揭示其内在的文化脉络与时代风格的符号。也就是说，成功而有效的公共艺术的设计必然构成城市环境中不同时期的公共性功能设计和公共性文化理念的复合体。它们在行使其实用性的功能之外，从作品开始设计到实际的社会效益方面都服从于社会公众的功能性及文化心理的需求，从而使得具有普遍公共精神的城市标志成为当代城市公共艺术的一个重要组成部分。它们在为市民大众提供方便、舒适和美感的同时，潜移默化地影响着人们的审美观念和行为方式，以生活化的方式把艺术和文化融入普通大众的日常生活。

芝加哥千禧公园是一个能反映当地居民生活状态的场所，该公园从1997年10月开始规划，于1998年10月开始建造，于2004年7月16日启用，由斯基德摩尔、欧文斯和梅里尔有限责任合伙（Skidmore, Owings & Merrill LLP）设计完成。置身于千禧公园，处处可见后现代建筑风格的印记，因此也有专业人士将此公园视为展现后现代建筑风格的集中地。露天音乐厅、云门和皇冠喷泉是千禧公园中最具代表性的三大后现代建筑。在这样一个场所中，人们可以通过不锈钢雕塑的反射看自己的倒影，在皇冠喷泉中尽情戏水。人们可以轻松地在这里活动，愉悦心情，享受生活在这座城市的乐趣。公共艺术的地域性不仅反映在地理环境上，还表现在特定的场所中，构成一定的功能和空间尺度，这也体现了地域性的存在。地域性是公共艺术存在的前提，也是一个城市文化发展的重要标志。

二、公共艺术设计的特征

（一）形式上的开放性

一方面，公共艺术的开放性，是指公共艺术置于公共性的场所，这些公共性的场所往往是人流不息、车辆往来、视域开阔的开放型空间，因此置于其中的公共艺术品必须具备形体和视觉上的开放性、多角度视域的观赏方式以及公众的介入等特征；另一方面，公共艺术的开放性是指对观赏者的接纳程度上的开放性，它必须面对、接纳多层次对象的需求。公共艺术不仅为公共场所而作，还要具有某些社会功能。

公共艺术的形式上的开放性，受天时、地利、人和三方面的制约。首先，作品必须与时代同步，在整体设计和作品造型方面都应具有现代人认同的时代特征和时代精神。其次，在空间上，要强调作品与周围环境的互动关系。公共艺术作品与单纯的架上作品不同，应有一种空间上的开放的形态，与环境相融合，满足多视角、多层面的观赏要求。最后，在作品与人的关系上，环境意识与公共性是作品设计要考量的重要因素。从环境的认识角度和作品审美的公共性角度来看，都要求作品的形式是面向大众且充分开放的。

（二）设计上的综合性

公共艺术设计上的综合性是指公共艺术品在设计上要综合考虑功能性、人文题材、环境观、公共性、环保观念、材料等要素。这种综合性特点决定了公共艺术品不仅受到艺术审美方面的制约，还涉及材料科学、视觉心理学、建筑学、环境色彩学、光学、民俗学等自然科学和社会科学的综合知识。总之，公共艺术的创作往往是艺术家在特定环境中的创作，即在一个被创造出来的空间的基础上进行的二次创造。因此，与艺术家在工作室中单纯为美术展览和博物馆创作的作品不同，艺术家个人的风格应当展现在对给定空间的综合性认识的基础之上，个人的创意只有满足公共空间的综合性要求才有意义。具体来说，需要综合考虑以下几个方面。

1.提炼、概括

公共艺术注重形式的变化，追求大的形式和简洁明快的形象产生的节奏、韵律及艺术氛围。因此，提炼、概括的手法是公共艺术的语言特征之一。提炼、概括是从审美的视角将最富感染力的美感因素进行取舍和艺术归纳，将自然形态最具表现力的某些造型特征简化为单纯、明晰的形象语言，从而构成公共艺术在造型、形式、审美等各方面最基本的元素。它是作者从感受形象到把握形象，进而创作形象的过程；它还是摆脱纯自然形象，将生活中收获的素材升华、加工并更集中、更生动、更内在地表现形象的过程。艺术地提炼、概括，是艺术灵感最确切、最生动的表露和升华的结果。

2.夸张、变形

夸张、变形是在提炼、概括的基础上突出和强化其语言特征，直接决定着作品主体形象的艺术效果。夸张、变形绝不是一种随心所欲的行为，它将主观感受和情感需求倾注于创作的艺术形象之中，是超越自然真实、升华到艺术真实的质变。夸张、变形有赖于大胆浪漫的想象力，是富于创造性的才能和智慧的显现。公共艺术作品的夸张、变形使美的因素更集中、更典型、更富有感人的艺术魅力。

3.节奏、韵律

大自然中某些规律化的现象，如昼夜交替、花开花谢，都体现着一种秩序与节奏。但作为公共艺术作品的节奏、韵律，是按一定的审美需要而形成的一种秩序感和规律化的艺术效果。

公共艺术作品运用排列、交叉、重复和渐变等方式，进行疏密、强弱和长短交替出现的各种组合，形成或静态、或动态、或崇高、或优美的韵律。这种韵律构成的视觉效果极富感染力，使其中既定的造型语言和形象特征形成节奏分明、律动起伏的形式美感。节奏、韵律是公共艺术创作中形式美的一条重要法则：节奏是韵律的基础，韵律是节奏的升华；节奏具有规律性的重复，能体现出统一，而韵律具有起伏回旋、疏密有致、抑扬顿挫的特征，能体现出变化。

（三）表现上的大众性

公共艺术创作包含对传统的继承，也包含着个人的创意。在艺术创作中，被人们认同与接受的形式，以及在长期传播过程中被转化为公众审美意趣的部分，形成了艺术作品的公共性。而在个人创作中还未被广泛接受，以及处于艺术家试验状态的那些内容，虽然生动、新颖，属于视觉语言的开拓性追求，但在大众面前常常曲高和寡，难以进入大众的审美层面，更谈不上实现公共艺术的审美性。公共空间中人流不息，面对不同社会层次、不同教育背景，甚至不同民族、不同宗教信仰、不同国度的人群，公共艺术作品的表现语言应当强调满足公共性要求的通俗化倾向。这里所指的通俗化，不是指一般的大众喜闻乐见的老生常谈的作品，更不是艺术上的世俗化，而是指把大众的审美心态作为一个基本的学术课题来对待，强调审美的公共性，强调作品与环境、与公众的和谐亲近的学术倾向。

在公共艺术创作中，既要反对一味迎合市民心态的、毫无创意的艺术作品，又要避免将艺术家工作室和美术馆的作品生搬硬套在公共空间之中。在这里，艺术家的创意和公共性的课题历来是把握和认识公共艺术作品表现尺度的关键。

（四）意味上的象征性

象征性思维是借用某一事物来表达具有类似特征的另一事物，因此，象征的本质就是借喻。对以象征性为审美意象的公共艺术作品来说，象征性思维不仅促成了其表现手法的形成，还充分显示出公共艺术特征的独特性。艺术需要浪漫的想象，象征性思维为浪漫的想象拓展了广阔的空间，使本属对立的事物、不同的时空能够和谐地交融于一体，使人们理想中的不同物象有机地组合，将不存在的事物变成可视的形象。例如，我国含有强烈象征寓意的龙、凤就是浪漫想象的产物，千百年来人们将其视为神、力和美的象征；埃及的金字塔象征巨大、稳定的山峰，法老巨大无比的雕像象征着力量和威严；在西方古代建筑的三种柱式体系中，每种结构形式都有自己的表现意义，成为永久性的形式象征。

公共艺术运用象征性的艺术手段拓宽了艺术联想的思路，从而使表现更富于理想化。拟人化的艺术处理、强烈的象征寓意为作品带来了与众不同的趣味，使其成为浪漫与象征的思维及人类情感抒发的载体。公共艺术不受客观固有状态和所谓"真实性"的束缚，艺术家按照主观的想象和情感的需要自由地创造艺术形象，符合艺术与美的本质。

（五）设计师的主动性

由于公共艺术的社会性，公共艺术创作中将不可避免地涉及社会问题。因此，它的构思与实现过程中有着大量的讨论和信息交流。

由于公共艺术的空间尺度不同，它的产生必须以可行的工业技术为基础。由于公共艺术的场所空间特性，它的实现必然涉及大量的材料选择以及对材料性能和材料环保指标的研究。

由于公共艺术的地方性和不可移动性，公共艺术设计师在创作活动中必须深刻地进入地方文化脉络、地方民众的心理研究之中。公共艺术的创作往往与建筑营造活动同时性地开展，这种同时性决定了公共艺术创作与建筑营造活动的不可分割性。公共艺术往往受制于相应的建设计划、具体的城市设计计划以及地方财政的支持能力。因此，公共艺术的实践方法往往是集群协作式的，而不是单体独立式的。也就是说，公共艺术设计师在创作时必须非常清楚，任何一项公共艺术品的创作都要在艺术倾向和尺度、材料与技术手段的选择和预算上，与规划师、建筑师、行政管理部门、财政部门以及当地社区民众的意愿相协调。

第三节 公共艺术作品的表现元素及其形式

一、公共艺术作品的表现元素

（一）形体塑造

任何物质都以其不同的形体特征呈现在人们面前，它们的形体特征是由内力和外力相互作用而产生的。但对于由人创造的公共艺术作品来说，它不仅具有所描绘对象的外在特征，还有人类长期实践经验积累和历史文化积淀所赋予的地域、时代特征以及设计师的个性特征。因此，形体在公共艺术的语言体系中具有非常重要的意义，公共艺术设计师对其应该有明确的概念和深刻的认识。

公共艺术作品的形象实质是它的形体，对此可以从两个方面来认识，一个是形，一个是体。形主要是指事物的形态和表现，是对事物概念和特征的描述。公共艺术首先以形的概念来构建，以自然形或者抽象形为造型思维的出发点，并给作品风格和所蕴含的精神基调以明确的界定。因为不同特征的形具有不同的精神和情感内涵，如造型中的几何形具有冷静、理性和分析的精神特征，而有机形象征着生命的成长过程，具有温暖的情感特征。所以形的状态如何，直接关系到作品风格和表现基调。体是指占据空间的客观存在的物质，是物质的空间形态。公共艺术作品是以形来传达精神内涵的，是以有着体感和量感的具体物质形式占据空间来传达情意的。形与体是同一事物的两个方面。形的精神内涵依附于物质的体来表现，反过来体的量感变化和体积变化也会直接影响形传达的思想内容及情感精神。总的来说，公共艺术作品是形与体的结合，是精神与物质的统一，是占据空间的物质存在。

在自然界中，即使是一个简单的形体都具有丰富的精神内涵，如蛋象征生命的源头，圆形代表丰硕和成熟，人们运用这些造型的基本语汇，通过雕塑的创作方法，构建了精神和文化的物质世界。因此，公共艺术作品不仅仅表现一个生命物体，对它进行描摹和复制，还要展现公共艺术设计师个人的观念，尤其是社会阶层的群体意识，并通过生命物体表象表达出来。

根据不同的形体特征，公共艺术作品形体可分为具象形体和抽象形体两种类型。

1.具象形体

公共艺术作品的具象形体是指以自然物象为表现对象，其形体特征与自然物象极其相似或基本相似。因此，具象形体作品中的形象都具备可识别性。从古埃及雕塑到近代写实主义、现代超现实主义的作品，具象形体的表现形式广泛存在于人类的美术活动中。至今，它仍然是艺术创作的重要艺术形式。

任何民族的艺术从远古开始往往是以模仿自然生命形态为开端的，以自然生命形态模式来表达人们的理想、追求和企盼。随着时代的变迁和经验的积累，人们对自然的认识逐渐深入，人们的艺术表现技巧也日益成熟，形成了经典的形态模式和美学思想，也形成了以团块形体为特征的雕塑造型模式。人们通过物质对自然形态进行描述，表现各个时代的精神追求和理想。以具象形体为表现对象，就是通过归纳、夸张、适形的表现手法对自然形态进行主观化和艺术化处理，强调表现对象的主要艺术特征。

具象形体在当今的公共艺术中仍然是很重要的表现语言之一，无论是实用性、纪念性、纯艺术性公共艺术，还是探索性公共艺术。随着科技的发展和社会的进步，人们对自然的认识更加深入，公共艺术作品的形体语言也不仅停留在对自然物象的描述上，还通过自然事物表面深入发掘事物的本质，表现生命深层次的意义。

2. 抽象形体

公共艺术作品的抽象形体是指在公共艺术的造型语言中，以抽象的形态和实体进行艺术创作的一种艺术形式，它不以描述自然物象为目的，而是揭示事物的本质和精神。根据它的表象特征，抽象形体可以分为两大类。

一类抽象形体是对自然对象进行提炼和概括，抽取其中最典型、最本质的生命与精神内涵来重新构建。在这里，已没有直接的自然物象，取而代之的是对事物本质更高层次的认识和理解，从而形成具有本质精神意义和全新视觉经验的空间艺术造型。

有人把这一类型作品称为"有机型雕塑"。代表人物有法国雕塑家让·阿尔普（Jean Arp）。他终身致力于抽象雕塑的探索，并把自己作品的艺术风格称为"人类的具体化"。他的作品充分体现了他的艺术观点，表现出生命体在生长过程中的凝结，表现出从微观世界到宏观宇宙生命形态本质的生存状态。因此，他的作品不仅是以人形为基础的抽象，还通过意象化的表现形式，揭示事物的本源，赋予抽象形体以精神价值。

另一类抽象形体不以自然对象为参照，而是将圆形、方形、三角形等几何形作为纯形式的形体语言，以构建的方式创造空间形体。这类作品展现的是一种冷静、理性的分析精神，具有较少的情感表现意味，强调空间与形体的构造与组合，表现了强烈的动感和张力，具有工业社会的文化特征。美国现代雕塑家史密斯的作品就是这类作品的代表。他的一系列大型作品被命名为"立方体"，其艺术风格就像这个名字所提示的那样，这些作品是运用立方体和圆柱体创造的建筑式结构。在这组作品中，他使用经过打磨而有纹理的不锈钢材料，将雕塑的造型简化到最低程度，用几何形进行空间构建，形成非对称和不规则的构图，从而赋予精密的、非人性的机械化力量更多人性化的色彩。作品被放置在广阔的原野上，以大自然为背景，成为工业化社会的标志，显示了人类的力量。

另外，许多设计师都在抽象形体语言方面进行努力的探索和表现，使抽象形体语言成为现代公共艺术最重要的表现方式之一。

（二）空间构造

1.空间形态的表现方式

在公共艺术的空间形态中，可以根据空间形态的表现方式，将空间形态分为实空间和虚空间。所谓实空间就是雕塑自身所占有的三维空间，而虚空间则是雕塑实体四周所造成的空间效果。

实空间的形态在公共艺术发展的历程中一直起着主导作用，具有实际意义，因为在传统艺术中实空间的形态首先成为人们掌握的表现形式。艺术家以空间的主动围合、空间的自身存在方式表现形体，以凹进和凸出的造型理念进行表现。空间在这里是静止的、被动的，是被物质形态占有的。也就是说，从形态自身的状态出发在空间中占有一席之地，而空间以被动的状态来适应公共艺术形态。

虚空间是随着人们对自然认识水平的提高、人们空间观念的不断改变以及公共艺术的空间表现形式不断丰富而出现的。虚空间的表现性逐渐成为公共空间的重要因素，它通过形体的围合而限定空间形态来表现生命的另一种存在方式，提出一种暗示和隐喻，并给观众留下丰富的想象空间。英国雕塑家亨利·摩尔（Henry Moore）的作品《拿公文包的人》则是以形体虚实关系来互补，用虚拟形态表现实体形态。

2.空间形态的变化

从公共艺术的发展来说，其空间形态的变化可以归纳为三种模式：静态空间、动态空间和开放空间。

（1）静态空间。静态空间具有两个方面的含义：一是指立体造型所反映的一个处于静止状态的造型物象，形体以一种被动的状态接受空间的围合；二是指给欣赏者的欣赏空间也是有一定限制的，观众只能从几个固定的角度去欣赏。

（2）动态空间。动态空间是古希腊艺术家在古埃及雕塑空间方式上的进一步发展与变化，同时说明人类对空间造型艺术具备了更深层次的驾驭能力。它探讨了形体在空间中的自由变化方式，追求自然形体在空间中的自由伸展与运动，表现出空间形态的丰富多样性。动态空间以形体在空间中的运动表现动态的空间形式，一改静态空间的静穆与威严，使空间变得自由与生动，极富朝气和活力，也打破了静态空间固定的观赏角度，使观众可以在一定范围内围绕作品自由地、全方位地去欣赏、去品味。

艺术的价值在于生命力，而生命的活力又在于运动。公共艺术蕴含的生命力依据作品的内容，更依据形体空间的变化。公共艺术设计师掌握了人们在运动中的空间形态和戏剧性的情节表现，使公共艺术作品在空间中获得了新的自由和解放。

（3）开放空间。公共艺术的空间表现形式从静态空间到动态空间变化，这一切都是围绕客观空间与形态的自然法则进行的。自从立体主义出现以后，公共艺术被赋予了完全不同的意义，对视觉感知的客观形象的再现已经不再作为艺术家活动的直接母题，一些富有探索精神的艺术家开创了雕塑空间形态的新局面，不再寻求对视觉形象的忠实记录，而是以一种新的观念、新的空间形式来表达艺术理念，分析空间中的几何形创造，探求形体如何在三维空间中进行分割、组合，从而形成全新的视觉意境。空间不再是一种被动的空间，而是一种凹进和凸出的造型结构，是形体与通透的结合，是空间的开放和互动，从而显示了一种全新的美感形式。

开放空间对于公共艺术，可以说是一种解放力量，它打开了通往各种主题的道路，极大地丰富了公共艺术的表现语言，从而使公共艺术形体能够在空间中自由自在地穿插、组合和构建，成为当今公共艺术的重要表现形式之一。

（三）色彩营造

1. 自然色彩

公共艺术作品中的自然色彩就是运用材料本身的质地进行艺术表现。由于各种材料物理性能的差异，在经过多种不同加工手法的处理后，它们会呈现出不同的色泽。

在现代公共艺术中，许多艺术大师对自然材料有独到的应用和表现。例如，虽然西班牙的建筑师安东尼奥·高迪的系列作品造型相同，但由于材质和颜色的差异，传达的艺术感觉便有所不同。

大理石材质的作品通过白色、细腻、光滑的大理石给人纯净、明快的心理感受；而铜材质的作品则通过肌理和铜的氧化处理，传达出浑厚、质朴的艺术韵味。对于单一金属材料的色彩处理还可以采用对比的方法，来丰富雕塑的色彩。由此可见自然材质本身的色彩在艺术表现上是十分重要的。

人们在利用材料的质地美和色彩美进行创作的同时，也在追求材质美多种多样的表现性，如利用各种不同类型、不同色彩的材料进行结合，使作品的色彩更加丰富，这种艺术形式早在三千多年前的古埃及装饰艺术中就已出现。在我国战国时期的青铜艺术中，古代的工匠们发明了金银错工艺，也就是利用不同金属材料如金、银、铜等的不同色泽，在铜器上镶上其他色泽的金属，这种手法成为一种具有较强装饰效果的艺术形式。

2.描述性的色彩

运用色彩对自然进行描述在绘画中很常见。在公共艺术中，色彩的运用和表现也是很重要的一方面。运用描述性的色彩的公共艺术体现了人们在视觉上追求视觉真实的同时，力求通过形态和色彩来传达各自不同的艺术理念。

几千年来，我们的祖先一直延续着利用色彩的表现性反映生活的传统，积累了丰富的色彩经验，留下了许多作品。例如，敦煌石窟的唐代彩塑艺术，利用色彩对形体的装饰表现佛的慈祥静穆，充满了人性的美丽，同时利用色彩增加了形象的理想美，使神性和人性达到了完美的统一。

现代公共艺术的色彩更加丰富，运用的形式更加多样，它与传统雕塑色彩最大的不同在于它不仅是对自然美和理想精神的描述，而且强调作品对人们心灵的震撼，并提出了人们对生活的思考。

3.装饰的色彩

装饰的色彩与自然色彩和描述性的色彩之间最大的不同，是它既不以材料本身的特有质地为重要元素来表现作品的思想内容，又不以色彩对自然的再现来传达作品的内涵与精神，而是在公共艺术的表面以设计师个人的主观创作理念，根据作品内容要求与环境对雕塑的要求而进行主观色彩表现。它不具备色彩的描述特征，更强调设计师的个性化和主观表现性。它以艺术家个人独特的表现语汇，根据作品主题和内容要求，在造型的表面敷上色彩，把立体形态和主观因素有机地结合起来，产生活泼绚丽的视觉效果，形成具有独特艺术韵味的一种风格形式，使得作品的表现方式更加多样，尤其表现在公共空间的壁画上。装饰的色彩在公共艺术中的运用，已成为人们生活中随处可见的一种艺术形式，为人们的生活环境和艺术环境增添了新的风景。

装饰的色彩在公共艺术中的表现主要出现在近现代。由于进入工业社会后，社会生产方式和人们的生活方式已经改变，生活节奏加快，因此人们乐于以简洁明快的视觉审美方式关注艺术作品。人们观念的更新、现代科技的不断发展、现代艺术的兴起，都为艺术家提供了无穷的创作灵感，艺术家也在不断探索新的艺术表现形式，个性化和独创性成为艺术家追求的目标。特别是在当代公共环境设计中，更强调色彩的表现性以及色彩与自然环境、人文环境之间的密切关系。在装饰色彩的运用中，艺术家主要以亮丽的纯色为主色调，并根据作品主题以及环境的要求，以暖色调、冷色调或对比色调进行表现。

色彩具有的表现性是非常明显的，关键要看设计师对色彩的感悟能力和控制能力。首先，应把握色彩的物理特性，注意色彩与作品之间的形状关系，是保持形状的优势，还是保持色彩的优势，或者是使两者均衡，这要根据设计师的创作理念而定。其次，应把握色彩的心理特征，色彩的心理特征不单表现在单个的色域之中，还表现在色域与色域之间的相互关系中，这就需要设计师具有敏锐的感受力和深刻的洞察力。一件优秀的公共艺术品必然是形状与色彩的和谐统一。

二、公共艺术作品的表现形式

随着科技的迅猛发展、艺术语言的不断丰富、人类活动空间的不断拓展和大众对环境审美诉求的提高，公共艺术的表现形式得到了不断的充实和发展，对推动公共文化的发展起到了重要的作用。

（一）造型形式

1. 雕塑

雕塑是指艺术家使用一定的物质文化实体，通过雕、刻、铸、锻等手段，创造出实在的体积形象，以表达审美或反映审美感受的艺术形式。本书所探讨的雕塑有别于传统意义上的雕塑，本书从广义的角度，把雕塑作为一种环境空间的造型因素来看待。雕塑的创作形式主要包括圆雕和浮雕两种。雕塑按功能属性来划分，可分为主题性雕塑、标识性雕塑、景观装饰性雕塑与建筑性雕塑等。

2. 壁画艺术

壁画艺术是人类表现精神世界的一种独特形式，其表现形式较为广泛，既有具象写实的，又有抽象写意的；既可以是象征的，又可以是浪漫的。壁画艺术丰富的表现内容与表现手法形成有机的联系，并与建筑物相结合，给人带来的艺术感受是其他绘画形式无法给予的。

现代壁画艺术在传统表现方式的基础上不断地进行创新，使自身的视觉感染力不断提高，审美内涵不断获得丰富。这应归功于在时代的变化中人的审美与情感的升华和环境的变化。现代壁画艺术兼顾应用目的，依赖环境条件，体现公众意识，以社会整体理想为价值追求，是现代公共艺术的有机组成部分。

3. 现代陶艺

现代陶艺有别于传统陶艺，现代陶艺以人类对艺术本质的渴求为出发点，以私人收藏和个人心理体验为主，并且和公共空间相融合，是一种以陶瓷材料为媒介的环境型艺术形态。现代陶艺主要以陶土和瓷土为材料，但不囿于传统陶艺的创作规范，在造型、用釉、烧成、展示方式等方面都有大胆创新，追求符合大众的审美理念，强调公共精神的艺术表达。

4.综合材料

对于传统的立体造型来说，作品的表达与材料的选择和运用的关系很大，传统材料一般指金属、木材、石材等，其中每类中又有详细的划分，而综合材料的出现，则从观念及技术层面上对造型艺术产生了很大影响。

随着科学技术的发展，科学家对各种材料的物理属性有了越来越深入的认识，研究出很多特有的加工工具和加工方法，这些科技发展成果开拓了造型艺术的表现领域，材料在艺术创作中由起辅助作用转变为起创作形象的主体作用，材料本身的自然形式和审美价值得以迅速提升。

（二）环境形式

1.景观装置

装置艺术和传统的架上绘画艺术不同，它自诞生起就和建筑景观空间有着密切关系。装置是一种从形态到构造的艺术呈现的过程，和景观艺术的理念不谋而合，认为参观者必须进入艺术品所在的现场。装置创作基本上不受定义约束，可运用任何艺术手段和材料，逐渐成为现代环境中十分重要的、具有公共性和交流性的艺术类型之一。

2.景观小品

景观小品指的是在特定的环境中供人使用和欣赏的构筑物。景观小品在景观中有着非常重要的作用，它是景观环境的一部分，有着实用和艺术审美的双重功能。景观小品是景观环境中的一个视觉亮点，能够吸引人们停留、驻足。

景观小品要满足两个需求：一是欣赏的需求，如尺寸、比例、外观、颜色等要符合人们的欣赏需求；二是服务的需求，要满足人在景观中的服务需求。因此，好的景观小品是艺术与功能两者完美的结合。

景观小品作为景观空间的基础存在，主要包括功能类与艺术类两大类别。功能类有标识、灯具、桌椅、垃圾箱、候车厅、消防栓、饮水机等；艺术类有花坛、花廊、喷泉、置石、盆景、艺术铺装、浮雕等。

3. 室内置景

室内置景是结合了室内装饰的艺术营造手段而产生的，它产生的效果是建立在空间造型基础之上的，其形式和风格往往成为整个空间的主导者。雕塑、壁画、水景、绿化、色彩、综合材料和现代装置等手段都可以用来美化室内空间。

4. 地景造型

地景造型是指将大地的平面和自然起伏形成的立面空间环境作为艺术创作背景，运用自然的材料和雕塑、壁画、装置等艺术手法来创作的，具有环境美化功能的艺术创造与创意活动。就地景造型的观赏效果和实际作用而言，有的以独立的艺术观赏形式出现，有的要求与城市土地规划及生态景观设计相协调。前者如大地艺术，而后者则指现代城市化发展过程中对水体边坡的治理和装饰。尽管艺术家的动机和资金来源各不相同，艺术创作的功能指向也不尽相同，但地景艺术（包括艺术史上的大地艺术）为现代公共性的视觉艺术形式及观念性的艺术实践，开辟了前所未有的创作空间。

从以水体、森林、泥土、岩石、沙漠、山峦、谷地、坡岸等地物地貌为艺术表现的题材内容和公众审美的对象，到以立体真实的自然空间和公共环境为艺术表现元素，地景造型作品在博大无垠的自然之中，构成了独特的审美意象。地景造型创作过程中，强调的是人与自然的和谐。作为一种艺术主张，它促使艺术审美走向室外空间，体现了艺术与自然贴近、融合的理想。

（三）科技形式

社会的迅猛发展，对公共艺术在环境艺术中的表现语言提出了更高的要求。公共艺术也吸收了新兴科技的成果，丰富了创作手法，这些创作手法包括城市色彩设计、水景造型、灯光、烟雾、玻璃等。

1.城市色彩

所谓城市色彩，是指城市空间中所有裸露物体被感知的色彩总和。城市色彩分为人工装饰色彩和自然色彩两类，前者指城市中所有地面建筑物、广场路面、人文景观、街道设施、交通工具等的色彩，而后者主要是指城市中裸露的土地、山石、草坪、树木、河流、海滨及天空等的色彩。城市色彩是城市人文环境的重要组成部分，如江南地区代表性的灰瓦白墙。

2.水景造型

在水景环境创作中，流、落、滞、喷四种基本形态能使艺术造型更具活力。水的运动方向可朝上喷、朝下落，也可静止或流动，只要有设施装置加以控制，即可变化出点、线、面、体等各种形态，使环境的视觉形态得以改善，还可通过声音、光线的变化来营造空间氛围。

3.玻璃造型

玻璃造型作为艺术造型的表现材料在公共艺术的创作中被广泛使用着，如用于公共环境的收藏、展示和陈列，以及在室内装饰设计中，还有室外的玻璃雕塑等。玻璃因自身结构及化学成分而对光具有多种作用，如分解、吸收、反射、折射、漫射等，并且可利用自身的穿透性改变人们的视觉空间。玻璃模糊了空间与自然的界限，可创造出一种虚幻之境。

4.动态造型

动态造型是指造型本身局部或整体具有活动现象的艺术作品或装置。这类作品一般借用风能、水能等能量，通过一定的机械性能设计，使造型在公共空间中具有一定动感。动态造型不仅在视觉上引人注目，还会带给观众无尽遐想。动态造型在活动时一般会设置声响，使观众在享受动态带来的情趣之余，也因听觉而产生联想和无穷的回味。

第四节 公共艺术设计的创作表现形式

一、创作草图

创作草图可广义理解为创作者对表达物象的最初印象的概括，在实际创作中，草图也分为设计草图与艺术草图。草图是作品构思的最初阶段，也是作品完成必经的环节。草图是艺术家思维表达方式与思想意境的一种基本方法。

受传统学院派影响，建筑草图讲究简单工具的技法与对建筑物象概括的准确性，这也是建筑草图表现区别于其他草图表现的基本特征。在体现建筑师的意象思维时，和其他表现方式相比，设计草图更显示其表达优势。弗兰克·盖里在设计毕尔巴鄂的古根海姆博物馆时，他的草图上绽放的花朵奠定了整个博物馆的设计思路；约恩·乌松（Jørn Ution）当年在草图上画的几个贝壳的意象，打动了沙里宁，最终成就了悉尼歌剧院。

二、创作方案

（一）设计立意

如果把设计比喻为作文的话，那么设计立意就相当于文章的主题思想，它作为我们方案设计的行动原则和境界追求，其重要性不言而喻。特定公共空间、特定公众团体需要什么样的艺术作品？办公空间出现什么样的公共艺术作品才能缓解人们的工作疲劳？城市中心广场需要什么样的艺术作品才能为人们创造城市归属感？社区中需要什么样的艺术才能营建和谐的邻里关系？所有这些问题都会归总到一个问题：用何种形象表达？因此，设计立意是把握公共艺术作品形态的基础。

严格地讲，公共艺术作品存在着基本和高级两个层次的设计立意。前者是以指导设计、满足最基本的功能和空间营造为目的；后者则在前者的基础上通过对设计对象深层意义的理解，谋求将设计推向设计者预设的更高的艺术境界。

评判一个公共艺术作品设计立意的好坏，不仅要看设计者认识和把握问题的高度，还应该辨别它的现实可行性。在施工过程中，往往会出现由于设计技术而无法完成设计者本身立意的情况。例如，乌松在设计悉尼歌剧院时，风帆形的穹顶因为技术因素无法被解决，竣工期一拖再拖，项目几近夭折。公共艺术作品的设计与建筑工程相同，艺术家在创造的时候也可能为了取得良好的艺术效果而忽略结构等技术因素，给施工带来困难，甚至使得设计本身的意味大打折扣。

（二）方案构思

若公共艺术品是现成品，或者是购买的已经实现的作品，那么本过程不适用，本环节适用于在既定设计条件下的设计方案构思。

方案构思是方案设计过程中至关重要的一个环节。如果说，设计立意侧重观念层次的理性思维，并呈现为抽象语言，那么，方案构思则是借助于形象思维的力量，在理性思想指导下，把第一阶段的分析研究的成果落实为具体的形态，完成从物的需求到思想理念再到物体形象的质的转变。

以形象思维为突出特征的方案构思依赖的是设计师丰富多样的想象力和创造力，它所呈现的思维方式不是单一和固定不变的，而是开放的、多样的和发散的，是不拘一格的，因而常常会得到出乎意料的效果。一个优秀的公共艺术作品给人带来的感染力、说服力和震撼力都始于此。当然，设计师的想象力与创造力不是与生俱来的，除了平时的学习训练外，充分的启发与适度的形象刺激是必不可少的。这就要求设计师平常要多看有关书籍，并通过绘制草图和做模型来达到开阔思维、促进想象的目的。设计师在设计时，具体任务的需求特点、结构形式、经济因素、公众心理、地方特色等均可以成为设计构思可行的切入口和突破口。同时，设计方案应该从多个方面进行，方案草图经过几轮的修改才能最终成型，所以多个方案的比较也很有必要。

（三）创作展示

1. 草图表现

草图表现是一种传统，并且被实践证明为行之有效的设计表现方法。它的特点是操作迅速而简洁，并可以使设计师进行比较深入的细部刻画，尤其是对局部造型的设计处理。草图表现的不足在于它对设计师的绘画技巧有较高的要求，从而决定了它有陷于失真的可能，并且每次只能表现一个角度，也在一定程度上制约了它的表现力。

2. 模型表现

模型表现包括实物模型和计算机模型两种，都是设计表现的过程。同草图一样，模型表现也是在设计过程中帮助方案不断地完善。实物模型是将公共艺术最后的形态通过等比缩小的方式并以实物的形式呈现，可以帮助设计师真实、直观而具体地从三维空间全方位地进行观察，对空间造型内部关系以及外部环境关系的表现尤为突出。但是模型的缺点在于，由于模型大小的制约，细节的表现可能不尽如人意。

计算机模型表现是随着计算机科技的进步和 3D Studio Max、SketchUP、CAD 等三维图形软件的开发和应用而出现的新的表现手段，现在也成了设计的表现手段之一。它兼顾了草图表现和实物模型表现的优点，在很大程度上弥补了它们的缺点。计算机模型不仅可以像草图表现那样对公共艺术作品进行深入的细部刻画，又能使其做到直观、具体而不失真。它既可以全方位地表现造型的整体关系、空间关系以及人和环境的关系，又有效地突破了模型比例大小的制约。

3.效果表现

　　效果表现不同于草图表现和模型表现，草图表现和模型表现是设计成型前推敲的过程，效果表现则是最终成果汇报所进行的方案设计表现。它要求该表现具有完整明确、美观得体的特点，以保障把方案所具有的立意构思、空间形象以及气质特点充分表现出来，从而最大限度地赢得评判者的认可。

　　设计师在绘制正式图之前要有充分准备，绘制最终效果图前应完成全部的设计工作，并将整个图形绘出正式底稿，包括所有的文字、图标、图框以及辅助场景等。

第二章　公共艺术设计的溯源与变迁

第一节　西方公共艺术设计的生成及定位

一、古希腊时期——公共精神的萌发

公共艺术的发展和城市文化、艺术思潮的演变息息相关，它是在不断发展与建构的过程中形成的。站在社会学角度，公共艺术的起源可以追溯至古希腊－罗马时期。早在这个时期就开始出现了城邦和公共领域，此时公共生活的概念开始逐步形成。在神庙、剧场、竞技场等公共建筑方面取得了辉煌的成就，在城邦中还出现了能让公民公开讨论和交流公共事项的广场，相对自由与开放的公共空间得以出现。公共意识开始萌芽，公共领域的雏形出现，开始有了公共领域和私人领域的划分。虽然这种划分是一种绝对的主从关系，即公共领域是主导，私人领域为从属，但也正因为有了这样一种微妙的罅隙，社会出现了分化的端倪。这种分化表明公共权利和私家事务的相互分离，公民通过公共领域的讨论形成城邦的公共权利，公民使用这种权利主要是维护城邦公众的共同利益，不是为了牟取个人的利益。其实，古希腊时期公共性的主要体现就在于公民共同掌握的权利并用于公共目的的实现。当然，此时城邦的公共权利不是真正完整意义上的公共。虽然城邦、公共领域和公民有构成公共权利的可能，但是这里的城邦是公民的组合，公民并不是指所有人，而是指能够参加公共政治事务和政权机构的人，大量的奴隶和外邦人都不在此范围之内。

同时，古希腊在公共领域中还产生了公民精神。公共场地是公民参与政治的场所，因此他们可以共同参与城邦的管理。本质上说，这也是由公民和城邦之间的关系所决定的。在古希腊，城邦乃是自由人所组成的共同体的基础[①]。公民是城邦的有机组成，公民生活和城邦的政治生活是高度统一的，城邦的政治生活也就是公民生活。公民参与公共政治生活就犹如历史的使命一般，毫无条件地参与其中，没有私人的欲望和利益。在他们眼中，公民就必须要参与城邦政治的生活，只有参与城邦事宜的讨论与决策才有生存的意义。古希腊在剧场、竞技场等公共建筑方面取得了辉煌的成就，正是在这种城邦公共生活的历练之中，公民精神得以孕育和萌发。正是这种公共权利和公共精神的萌发，为后期公共艺术的发展提供了可能。

二、启蒙运动——公共艺术思想奠基

18 世纪启蒙运动开始后，西方社会发生了翻天覆地的变化，许多市民在这场思想变革中获得进步，这个时期的思想变革也对西方公共性、公共领域的发展起到了重要的作用。

公共领域一词在德国哲学家尤尔根·哈贝马斯的著作《公共领域的结构转型——论资产阶级社会的类型》（*Strukturwandel der Öffentlichkeit. Untersuchungen zu einer Kategorie der Bürgerlichen Gesellschaft*）中得到了深化。哈贝马斯提出了公共领域建立在社会结构变迁上的观点。随着工业、经济、文明的发展，形成了重商主义，资产阶级与城市兴起，新兴的商业领主与政治联结，导致传统的公共领域逐渐萎缩，最终转型为资产阶级的公共领域，标志着现代社会的出现和现代性的萌芽和发展。18 世纪的法国启蒙运动恰恰推动了这一变革的产生，人们要求摆脱封建专制统治和天主教会的压迫，通过对宗教神学理论的批判达到对封建专制制度的全面否定。18 世纪下半叶，资本主义工商业迅速发展，资产阶级成为强有力的阶级，市民社会诞生了，它包括工人、小贩、教师等，成为公众群体的中坚力量。他们时常通过阅读聚集在一起，举办文艺沙龙、咖啡馆讨论等活动。这种文艺沙龙、咖啡馆讨论从对一

[①]　田道敏. 亚里士多德"城邦优先于个体论"的共同体主义阐释 [J]. 江西社会科学，2015，35（5）：45-50.

些艺术议题和文学议题的讨论交流开始，慢慢转为对政治时事议题的讨论。这些讨论场所也是可以自由交流思想、意见和信息的空间，这个空间就是公共领域。

在社会学意义上，18世纪有关公共性和公共领域的概念出现了，它为公共艺术的出现做了思想上的铺垫。但是在文艺学的意义上，公共艺术还没有出现。这是因为，尽管18世纪的思想启蒙和艺术自觉为艺术界带来了根本性的变化，但这个时期艺术的中心课题是建立在独立的、审美的艺术体系和规范之上的。它考虑的问题恰好是划清艺术与社会生活的边界，拉开审美与现实的距离。这个时期是艺术自觉的时期，它的中心任务是强调艺术的独立，强调艺术不同于生活的特殊性，强调专业的艺术家与公众的区别。而公共艺术要解决的问题恰好相反，它是艺术向生活的回归，是艺术家向公众的回归，所以这个时期不可能出现真正意义上的现代公共艺术。

三、美国罗斯福新政——开启各国公共艺术政策

（一）美国

虽说公共艺术生长的土壤源于欧洲，但开花结果还是在美国。总的来说，公共艺术政策的雏形来自1933年罗斯福总统推行的新政策。罗斯福新政的目的是缓解经济大萧条带来的社会矛盾，其核心为救济、改革和复兴。罗斯福政府认为文化艺术是文明和竞争力的体现，艺术家也是国家的重要资源，不能任其在经济风暴中自生自灭。政府起初在新政中开展了公共工程艺术计划，执行效果显著后又逐步在工程振兴局下设了联邦艺术计划，霍尔格·卡希尔担任计划主任，直到1943年计划终止。联邦艺术计划内容包括资助艺术家的创作，如壁画、雕塑、绘画、版画、摄影及雕塑等作品，安置在学校、医院、慈善机构及美术馆等地，并要求艺术家负责艺术课程的指导，参与社区艺术中心的行政工作及举办展览、演讲、艺术观摩会等活动。截至"二战"爆发前，接受联邦艺术计划资助而创作的公共壁画达2 500万幅，架上绘画10.8万幅，还有1.8

万件雕塑，25 万幅版画，200 万幅海报，以及 50 万幅摄影作品。这不仅拯救了艺术家，也使得"二战"后大批艺术家移居美国，为后来美国在西方艺术的领导地位奠定了基础。

在 1965 年，美国正式成立国家艺术基金会，第一年预算为 240 万美元。1989 年，预算已达到 16 900 万美元，24 年中增长了 70 倍。国家艺术基金会的两大宗旨之一便是"向美国民众普及艺术"。不仅联邦政府，而且许多州政府非常重视艺术，也对艺术予以拨款。国家艺术基金会实施的公共艺术计划直接赞助公共艺术，成为公共艺术基本概念的确立和公共艺术大规模实施的标志。

"艺术的百分比计划"也是西方社会对公共艺术产生关注和扶持的一个见证。按照美国法律，任何新建成或翻新的建筑项目，不论是政府建筑还是私人建筑，其总投资的百分之一必须用于购买雕塑或者进行艺术装饰。按美国每年花在新建或翻修建筑上的巨额资金计算，花在建筑物装饰方面的金额是相当可观的。美国的俄亥俄州政府从 1990 年起，仅州政府新建或翻修的各种公用建筑物，就购买了 29 位艺术家价值 400 多万美元的绘画和雕塑作品。1998 年，美国国家艺术基金委员会主席费理斯在向政府提交的《对美国的再认识：艺术和新世纪》（*Recognizing the United States Again: Arts and the New Century*）的提案中，提议在美国各地建立艺术活动中心网络，使更多的民众有机会参与艺术，以达到向人民普及艺术的目的。在 1998 年至 1999 年的美国国家预算中，国家艺术基金的拨款在 1997 年的基础上又增加了 4 倍。

（二）英国

自 20 世纪中叶起，随着经济的发展和产业的转型，英国后工业时代的到来使得传统的制造业开始衰败。20 世纪 70 年代左右，老城区中的经济问题和社会问题不断涌现。由于工作岗位的缺乏，中心城市工人聚集区出现大量的失业人口。为了寻找新的工作机会，人们分别向新兴的郊区城市转移，因此出现了郊区化现象。同时，随着中心城市人口的老龄化现象，中心城市的发展缺乏活力，英国的城市复兴战略也由此展开。撒切尔夫人采用的城市复兴方式是以房地产投资或商业开发为主导的城市复兴战略。这种方式以空间为关注核心，以经济增长为指标，以项目导向为基础，造成的结果是城市复兴项目的短期性、琐碎性，缺乏全局观和整体性。

从 20 世纪 80 年代开始，英国的一些城市和乡镇也进行了重建和社会环境改造，一些从事公共艺术的机构应运而生，负责进行公共艺术的代理和相关活动。英国甚至还出现了对人行道和环境进行保护的国家机构组织，这个组织计划在英格兰以及沿伦敦的泰晤士河路堤的小道上建造雕塑。

从 20 世纪 90 年代开始，英国开始重新审视城市复兴政策。1994 年，英国环境部门发表了《城乡质量原动力报告》，推进设计作为城市复兴的一部分。同年，英国政府发表了《可持续发展：英国的策略》，强调将生态和文化因素加入复兴政策中进行整体性考虑。1998 年，首相代理办公室任命英国著名的建筑师理查德·罗杰斯组建城市推进组织，对后工业时代城市面临的衰退问题进行研究，寻求城市、社会、环境和谐发展的途径。

1999 年，英国环境、运输区域部发表了白皮书《更好的生活质量》。布莱尔首相在报告中指出："成功常常只用经济的 GDP 指标来衡量，然而我们并没有意识到经济、环境和社会是一个整体。为人们提供好的生活质量并不仅仅指经济的增长。我们应当确保经济的增长能为人们的生活带来美好，而不是毁坏。"同年，《城市推进组织报告》诞生，报告指出美学和社会幸福感应该作为研究城市社会和经济复兴的重要组成部分。2004 年，文化、媒体和体育部出版了《文化作为复兴的核心》，从此以文化为导向的整体性的城市复兴战略正式确立。

（三）德国

德国的不莱梅于 1973 年最早提出"公共空间艺术"概念，并且后来为各地适用，成为一种新的文化政策。为了让公共艺术真正具有公众物质与文化教育功能，他强调公共艺术的地点应选择在美学匮乏的地区，如在需要更新的老工业区、新开发地区，或在街道、公园、学校等地方实施，并且由文化局官员、艺术咨询委员会及地区代表组成咨询委员会。他们还制订了一系列让居民参与创作的计划，如有艺术家利用两年时间邀请小学生利用废砖塑造小型城堡，既有娱乐性，又有艺术性，同时强调了环保的观念。德国西柏林在 1978 年 9 月通过新的公共艺术办法，条例具有相当的强制性，如任何公共建筑，包括景观、地下工程等都需预留一定比例的公共艺术经费。除建筑物的经费外，政府每年也应拨一笔基金作为都市空间艺术经费，与公共艺术委员会共同决定公共艺术的设置地点、目标任务以及施行办法等。1979 年以后，西柏林每年约有 200 ～ 300 万马克的经费得以运用，进行不同地点的大规模公共艺术征集和竞赛活动。例如，1979 年的夏日公园雕塑竞赛、1981 年的喷泉设计竞赛。1987 年，为庆祝柏林建城 750 周年，西柏林政府更是投入 450 万马克举办雕塑创作及雕塑大道活动，其计划是沿市中心的库福尔斯滕达姆大道放置雕塑，以强化西柏林的欧洲大都会形象。大众开始为公共艺术展开辩论，支持公共艺术的声音逐渐占据优势，在辩论中养成了市民关于设置公共艺术的共识，而外来的游客对西柏林雕塑大道的反映大多是肯定的。

在其他发达国家的公共艺术正是有了这些具体政策的支持和保障，才使其拥有良好的发展空间。如果说公共艺术与其他艺术有什么不同的话，其中一条是它相对依赖政府政策的扶持，这一点对公共艺术的发展十分重要。公共艺术的出现并没有一个统一的口号和宣言，也没有一个具体的标志性的事件。与公共艺术的出现有直接联系的，就是上述后现代主义文化带来的艺术观念上的变化，西方发达国家的社会理论和政策的变化，以及艺术百分比计划等具体艺术政策的推动。在这个基础上，从 20 世纪 50 年代末开始，美国和欧洲部分国家率先出现了一些与传统城市雕塑和景观艺术在观念上有所区别的作品，这种艺术被称为公共艺术。

第二节　我国公共艺术设计的兴起与蜕变

公共艺术是近年来国内艺术界的热点话题。舶来的公共艺术在我国有着特殊的发展路径，将其置于20世纪以来的大背景中，我国公共艺术的理论伴随实践不断发展。先前的研究通常都是从雕塑、壁画、城市雕塑的视角来进行研究，对公共艺术发展历程的判断含糊其词。实际上，我国公共艺术发展到现在仍处于初期阶段，并没有像部分学者所谈的那样达到了相对多元、成熟的阶段。考虑到公共艺术是一种与政治、民生、社会紧密联系的艺术类型，本节以1949年为研究起点，在国家发展和社会进步的宏观背景下，分析我国公共艺术与国家政策和民族文化之间的关系，梳理我国公共艺术面貌的形成和生长脉络，探究孕育其土壤的发展因素，最终把我国公共艺术的发展分为三大时期：1949—1966年的萌芽期，1978—1999年的探索期以及1999年至今的发展期。每个时期中又存在着不同趋向的发展阶段，阶段的量变促成了时期的质变。

一、萌芽时期：1949—1966年

1942年5月延安文艺座谈会后，"文艺为人民群众服务"成为艺术发展的基本方针，所有的艺术形式都以突出政治为目标。中华人民共和国成立之初，文化政策也得以发展。"古为今用、洋为中用""推陈出新"和"百花齐放、百家争鸣"等重大文化方针的提出，促进了我国文化艺术事业的发展。此时，以雕塑、壁画等方式呈现的公共艺术胚芽在国家意识形态主导下生长，有着明显的革命化、政治化特征。这一时期的公共艺术作品往往体现出这个时代特有的万众一心的集体意识。这一时期的公共艺术处于萌芽状态，有两个发展阶段的变化。

（一）建设人民的"新文艺"阶段（1949—1958 年）

中华人民共和国成立之初，百废待兴，一切事务和建设都在党的领导下有序进行。公共艺术也在国家资金的保障下，以纪念性题材为主，开始了强调历史书写、构建国家精神、增强民族凝聚力的创作。1949 年 7 月，全国政治协商会议筹备会在《人民日报》上公开征集国旗、国徽等国家象征的设计稿。国旗、国徽代表着国家主权和民族独立，代表着民族精神和人民心声，其产生过程受到全国人民的集体关注。这种集体关注无疑增强了民众的民族自豪感和爱国主义情感。作品的选定过程具有公共性：国旗的设计者是来自浙江瑞安的曾联松，国徽的设计者是梁思成、林徽因、张仃等人。他们集体努力创作，经过多轮修订，甚至国家领导人也参与到设计过程之中。1949 年 9 月，中国人民政治协商会议第一届全体会议确定了在北京天安门广场建造人民英雄纪念碑。人民英雄纪念碑是目前唯一一件由国家最高领导人亲自奠基、多位国家领导人共同参与的创作，其建筑部分由梁思成主持设计，雕塑部分由刘开渠主持创作，是一件集合了全国人民力量完成的作品，也是极具时代特色、代表国家意志和民族精神的公共艺术作品。

公共艺术在胚芽阶段的创作基本上以写实主义风格为主。1952 年 11 月，《向苏联艺术家学习》在《人民日报》上发表后，苏联模式开始席卷全国。1956 年到 1958 年，原文化部（现为中华人民共和国文化和旅游部，以下简称"原文化部"）邀请苏联专家尼古拉·克林杜霍夫在中央美术学院开设雕塑训练班，培养了苏晖、时宜、陈启南等 23 名学员，带动了一批社会主义现实主义的创作人才出现。1953 年至 1966 年，为培养社会需要的"红色专家"，国家陆续选派了钱绍武、董祖诒、曹春生、司徒兆光、王克庆等人赴苏联学习雕塑，他们把苏联完整的雕塑教学模式带回了国内。但在此之前，即 20 世纪 50 年代之前，美术院校接受的是一套法国的雕塑教育模式，这是从 1928 年留法学生李金发回国后开始的，随后又有留法学生王静远、王临乙、刘开渠、滑田友、曾竹韶等人加入，将他们学到的欧洲古典写实主义的创作风格带了回来。于是，我国雕塑经历了一段苏联模式和法国模式相互碰撞的前行时期。后来，随着国家意识的引导，苏联模式的雕塑风格逐渐成为主流，出现了一批优秀的设立在室外空间的历史人物作品，如《毛泽东像》《蔡元培像》《志愿军像》《刘胡兰像》等，多为宣扬国家民族独立、纪念革命胜利成果的题材。同时，在公共建筑中出现了带有民族特色和浪漫主义意味的作品，即吴作人、艾中信于1957年在北京天文馆大厅完成的新中国第一幅天顶壁画，这幅以古代神话为题材的壁画给公共艺术胚芽的生长注入了活力。

国家意识到雕塑在室外空间的价值，开始有意识地关注和组织室外雕塑的建设。1956年5月，原文化部在北京组织召开中国雕塑工厂建厂会议，决定在中央美院雕塑工作队的基础上成立中国雕塑工厂，由原文化部领导制定规划目标，尽管是在计划经济背景下产生的艺术管理，却是对公共艺术胚芽发展的有力支持。而原文化部提出的文艺团体实行经济上"自给自足、自负盈亏"的方针，这种市场经济的理念为中国公共艺术走向社会提供了思路。中国雕塑工厂首先实行底薪分红制，增强个体积极性，集体创作的优势得以彰显，并很快影响全国。这为公共艺术下一阶段的发展做足了准备。

（二）"双结合"模式下的公共创作阶段（1958—1966年）

1958年3月22日，中国美术家协会发出倡议书，号召各地分会及美术家相继进行美术宣传工作，一场群众美术运动就此展开。1958年4月20日至4月30日，在北京召开的全国农村群众文化艺术工作会议，将群众美术运动推向高潮，随后全国各地掀起了声势浩大的壁画创作活动。

同时，在1958年5月5日召开的中国共产党第八次全国代表大会第二次会议上，毛泽东提出革命现实主义与革命浪漫主义相结合的创作方法。周扬在1958年的《红旗》创刊号上发表《新民歌开拓了诗歌的新道路》，对"双结合"的创作方式进行了具体阐述，"双结合"正式成为文艺创作的新指向。从社会主义、现实主义到"双结合"文艺观的转变，与当时的社会状况密切相关。

随着"十大建筑"工程的筹建，室外雕塑建设有了新发展，国家再次发动全国老、中、青三代雕塑家进行集体创作，这是我国室外雕塑创作的第二次高潮。革命现实主义与革命浪漫主义"双结合"的创作方式得以落实，其中最具代表性的作品当属全国农业展览馆前的《庆丰收》组雕。

这组室外雕塑历时9个多月完成，与全国农业展览馆的建筑环境遥相呼应，达到了极高的艺术水准。作品整体形态饱满且富有张力，人物精神焕发、斗志昂扬，创作风格带有浓郁的民族特色，饱含着创作者对国家建设的赞扬以及振兴国家的热情。这一时期的雕塑作品都特别注重塑造语言与环境空间、建筑之间的关系，体量、尺度都进行过严格的测算。例如，中国人民革命军事博物馆大门两侧的《全民皆兵》《陆海空》组雕，人物造型庄严凝重，创作题材与建筑的性质极为贴切，同时作品尺度、体量与建筑格局和谐均衡。

"双结合"的创作方法还激发了以象征为表达手法的雕塑创作，广州城市地标《五羊石像》便是一例。坐落在越秀山的《五羊石像》，在古代传说结合写实的基础上，通过借物抒情的方式塑造了五只神态各异的仙羊，打破了室外雕塑只塑造人像的惯例，开创了我国公共艺术呈现城市精神的先河。

受此作品的影响，中国公共艺术胚芽的发展有了一些细微的变化。艺术家不仅对创作对象和题材有了新的尝试，还开始改变作品与空间、环境、人的关系，如哈尔滨江畔公园的《天鹅》《母子鹿》《江母子》等一系列雕像，作品接近真实尺寸，拉近了人与作品的关系。这种带有人文关怀的作品无疑影响了后来公共艺术的发展。

二、探索时期：改革开放初期到世纪之交

1978年12月，中国共产党第十一届中央委员会第三次全体会议在北京召开。在"解放思想、实事求是"思想的指导下，邓小平总结了以往文化建设的经验和教训，对文化"为人民大众服务、为政治服务"的方针进行了调整，提出了"建设社会主义精神文明"的命题，重申了"百花齐放、百家争鸣"的方针。他在此次会议中，明确了不仅文化艺术的形式、风格可以自由争鸣，而且文化艺术作品的思想内容也要百花齐放。为此，我国也制定了繁荣文化艺术创作、发展群众文化活动和加强中外文化交流的许多具体政策，为我国公共艺术的探索创造了条件。

公共艺术在原有的以公共雕塑、公共壁画为主体传达政治意识的方式下开

始转变，公众思想意识逐步得到解放，具有公共艺术性质的管理机制开始建立，公共艺术的建设和组织管理得到空前关注。20世纪80年代，我国公共艺术界对环境、建筑、雕塑、公共空间的讨论日趋激烈，随着市场化、城市化发展进程的加速，我国公共艺术出现了一个高潮期。但这个时期也是我国公共艺术走弯路的阶段，一些符号化、庸俗化的作品出现在公共空间里，成了"城市垃圾"的代名词，直到90年代末才逐步形成具有真正意义的公共艺术主张。这个时期的公共艺术经历了城市美化和艺术蜕变两个阶段。

（一）公共意识形成阶段中的城市美化阶段（1978—1989年）

改革开放带来了政治民主，也带来了文艺发展的生机。1979年9月26日落成的首都国际机场壁画打开了公共艺术的新局面。改革开放之际创作的机场壁画，引起了文艺界乃至国家领导人参与的大讨论，其社会价值远超艺术价值。它成为时代变革的注脚，代表艺术从政治的枷锁中摆脱出来，开启了艺术美化城市、装点空间、走向公共空间、走向公众生活的新时代。

毛主席纪念堂雕塑的筹建激起了全国雕塑家关于室外雕塑的大讨论，人们对公共艺术的呼声与改革开放的春风不期而遇。1979年11月14日至1979年12月17日，由刘开渠任团长的11人欧洲考察团完成为期33天的欧洲户外雕塑专项学习考察计划。考察团回国以后，编撰《雕林漫步》一书，这本书全面地介绍了考察团在欧洲所见的公共雕塑成功案例。同时，考察团还组织全国各大城市的干部和雕塑家学习，把公共雕塑的发展与美化城市环境、建设精神文明联系在一起。考察团还向中央领导汇报并建议发展公共雕塑，介绍了意大利、法国两国公共雕塑建设项目的资金比例、雕塑家和建筑师的合作机制等，在全国开展了关于公共雕塑事业发展的积极讨论，中央领导也积极回应。1980年，中国美术家协会第三次会议上，刘开渠、傅天仇等提出的《关于发展雕塑艺术事业的建议》经中国美术家协会成员起草，于1982年定稿，后经文联主席周扬上报为411号中央传阅文件《关于在全国重点城市开展雕塑建设的建议》得到党中央的批准，"城市雕塑"第一次被官方确认。1982年8月17日，城乡建设环境保护部、原文化部、中国美术家协会共同领导的全国城市雕塑规划组成立，开设全国城市雕塑艺术委员会，配套专项资金。随后，全国各省、直辖市、自治区相继成立了城市雕塑的领导与管理机构，再加上全国首届城市雕塑优秀作品评选，以及 1990 年《关于城市雕塑建设管理工作的几点意见》等文件的发布，我国的公共艺术管理机制逐步形成，符合公共空间美化需求的一批优秀作品陆续出现。

1980 年珠海的《珠海渔女雕像》、1984 年深圳的《开荒牛》、1985 年赠送日本的《和平少女》、1986 年重庆的《歌乐山烈士纪念碑》和兰州的《黄河母亲》、1987 年广州的《广州起义纪念碑》，以及随后的《八女投江》《李大钊像》等，反映出艺术在公共空间出现的可能性，打破了国家组织领导的集体创作模式。有了艺术家个人的声音，公共艺术界开始出现"百家争鸣、百花齐放"的局面。整体上看，虽然这一阶段的创作基本上还是革命现实主义、革命浪漫主义题材和纪念性公共艺术创作的延续，但有了更多新的尝试。江碧波、叶毓山创作的《歌乐山烈士纪念碑》，尽管还是以纪念性为主题的创作，但在创作主题、艺术造型和语言上都有了整体性的突破。潘鹤创作的《开荒牛》可以说是《五羊石像》的延续，但不同的是，其以直接提炼城市精神为目的。何鄂创作的《黄河母亲》是最早以女性形象出现在公共空间的大型作品。

20 世纪 80 年代后期，具有现代主义艺术语言的创作开始出现，抽象、变形、荒诞的作品打破了相对传统单一的现实主义创作模式。1985 年建成的石景山雕塑公园开创了雕塑造景和植物造园的雕塑公园先河。我国公共艺术的创作方向开始从"双结合"模式向市民化、生活化、现代化转变。

随着人们公共空间环境意识的增强，关于雕塑与建筑、环境之间关系的讨论日益深入。1981 年，潘鹤在《美术杂志》发表了《雕塑的主要出路在室外》一文，指出未来户外雕塑创作的重要可能性；1982 年，在《世界建筑》上，梁鸿文发表了阐述西方美术观念和理论的《现代雕塑与建筑》一文；1985 年，国内出版了第一本以"公共艺术"命名的著作《当代国外公共艺术一百例》，这是"公共艺术"概念在我国的首次出现；1988 年，中国美术家协会壁画艺术委员会举办了首届壁画艺术讨论会，60 多位壁画家向原建设部（现中华人民共和国住房和城乡建设部，以下简称"原建设部"）领导、建筑师、园林设计师、雕塑家发出倡议，呼吁公共环境的改造应当结合相关要素，建立起合作型的工作模式。这些学术理念的建构、工作模式的倡议，对我国公共艺术的发展起到了积极的推动作用，虽然理论和倡议仍停留在艺术观念层面上，尚未与实践相结合，但已为社会公共意识的形成和我国公共艺术未来的发展奠定了基础。

（二）在体制改革中蜕变的公共艺术（1990—1999年）

这是我国文化体制改革的开始阶段，也是我国公共艺术的蜕变时期。1992年，邓小平发表南方谈话，党的十四大召开，标志着我国改革开放和现代化建设进入了新阶段。我国社会进入认知"公共艺术"阶段，学者、艺术家、城市管理者积极关注"公共艺术"，不论作品形式、理论认知，还是功能作用，都得到了较大的拓展。

我国在20世纪90年代早期常用"城市雕塑""公共壁画"等术语，社会公众对公共艺术的理解普遍还停留在美化和装点城市环境阶段。20世纪90年代中期开始，我国逐渐建构公共艺术理论，施惠被视为先行者。1995年，她在《新美术》上发表的《现代都市与公共艺术》，是第一篇以公共艺术为题的学术论文。1996年，她又编著并出版了《公共艺术设计》一书。此后至1999年间，我国共有15篇公共艺术论文出现。其中，袁运甫、孙振华、翁剑青走在了中国公共艺术理论研究的前列。1998年12月，汪大伟在《装饰》上发表的《公共艺术设计学科——21世纪的新兴学科》一文，提出了"公共艺术应作为一个学科来建设"的建议。同年9月，上海大学美术学院创建了全国最早的公共艺术实验工作室，举办了"人、环境、科技——上海大学美术学院公共艺术设计国际研讨会"，开创了中国公共艺术学科教育的先河。

我国以经济建设为中心的观念使社会公众的独立意识逐渐增强，公众存在的价值得到尊重和认可，具有大众化、消费化特征的公共艺术作品开始在20世纪90年代初期出现。而在西方现代艺术影响下，具有抽象化、形式化的作品也陆续出现，这集中体现在1990年北京第十一届亚运会的筹办中。公共艺术作为美化环境、点缀场馆、展现人文精神的方式，较为集中地出现在亚运会场馆周边，成为展现新中国精神文明建设成就的一种标志。其中，《人行道》是一组以市民为创作原型的公共艺术作品，极具时代特征。它不设底座，用一种极为写实的手法制作并散点式放置在公共场所中，具有一种平民意识和对人的生活的关照。这个作品打破了以往写实性作品不变的纪念性特质，让人耳目一新，极具新鲜感和亲切感。这个作品的出现影响了中国一批具有市民化、大众化特征的公共艺术创作人才。与《人行道》同批创作完成的27件作品多数采用抽象形式语言，具有代表性的作品有隋建国的《结构1号》、杨英凤的《凤凌霄汉》、叶如璋的《猛汉斗牛》等。这些作品在表现手法和材料运用上都有了新的尝试，现代视觉样式的作品成为此时期公共艺术创作的主流。在西方艺术的影响下，中国还出现了一段时间的"广场热"，全国各大城市广场中的公共艺术作品成为市民生活场所中的一部分，如青岛的《五月的风》、大连的《建市百年城雕》等。

然而，在我国经济建设高速发展和城市化进程快速推进的阶段，公共艺术作品出现盲目追求符号化的快餐式消费现象，成为利益群体谋取暴利的手段，失去了原本的社会价值和艺术感染力，被贴上"城市垃圾""城市建设高价菜"的标签。1992年5月，原文化部、原建设部与中国美术家协会共同召开第三次城市雕塑工作会议，决定将"全国城市雕塑规划组"更名为"全国城市雕塑建设指导委员会"。1993年，原文化部和原建设部共同颁布《城市雕塑建设管理办法》（现已撤销），这是我国第一个正式颁布的城市雕塑管理办法，其对城市雕塑的创作、规划、管理、实施和维护都提出了明确要求，提出"城市雕塑的创作必须是拥有城市雕塑创作资格证的人员才可承担，未持证者不得承担"。同年，首都规划建设委员会和首都城市雕塑艺术委员会颁发了《北京城市雕塑建设规划纲要》。1996年，北京、上海先行成立了隶属规划部门的城市雕塑专项办公室，上海市人民政府颁发了《上海市城市雕塑建设管理办法》。一系列从国家到地方的管理措施的出台和相关管理机构的完善，促进了中国公共艺术的发展。

20世纪90年代中后期是中国公共艺术探索的关键阶段。公共艺术不再只是美化环境的雕塑、壁画，其边界、作用甚至创作方式都得到了进一步的拓展，成都市府河边的活水公园便是一次很好的诠释。这是由艺术家、园林家、生态学家等多方专业人士对"水"主题的一次跨领域综合性创作，强调整体营造，突破作品概念，将整个空间、环境、艺术、生态作为一个整体来呈现。在创作过程中，这些专业人士强调一种横向工作机制，对公共艺术的原有概念形成冲击。遗憾的是，这个创作起初并不以公共艺术营造为主张，而是在景观艺术带动下引发的带有公共性的新尝试。但它拓宽了公共艺术的外延，对中国公共艺术的探索具有独特的价值。

三、发展时期：21世纪初至今

21世纪初期，随着社会主义市场经济的进一步发展，国家开始实践科学发展观，构建和谐社会。在政治上，公共事务问计于民、问策于民的趋势开始出现。市民意识的增强使公民权利得到尊重，使中国公共艺术正式进入发展时期。公共艺术的概念在争论中更为清晰，公共艺术的边界在多样实践中进一步拓展。

21世纪初期，公共艺术的提法日渐增多，有取代城市雕塑之势。公共艺术概念从公共空间、公共场所设置的艺术到广义、狭义之辩，从公共艺术是一种思想方式、精神态度到一种文化现象的讨论，公共艺术得到学界前所未有的关注，涉及公共艺术的著作、论文及学术会议大量涌现。2002—2003年，我国两年内就出版了15本关于公共艺术的专著和译著。其中，翁剑青的《公共艺术的观念与取向》和孙振华的《公共艺术时代》堪称中国公共艺术理论研究的奠基石；2001—2006年，发表于艺术类核心期刊上的公共艺术专业论文突破百篇；2005年是中国公共艺术理论研究高峰期的开始，许多公共艺术的实践者和文艺理论的研究者投入该领域。从2000年"阳光下的步履——北京红领巾公园公共艺术研讨会"开始，公共艺术主题论坛相继出现，到2008年达到峰值。其中，2004年10月在深圳举办的"公共艺术在中国"学术论坛，是中国首次较为集中地深入讨论公共艺术学理论问题的一次论坛。会议论文集《公共艺术在中国》记录了当时中国公共艺术的理论研究状态，对我国后来公共艺术的发展影响深远。

在学术界的共同努力下，公共艺术受到政府关注。2006年，原建设部印发的《关于城市雕塑建设工作的指导意见的通知》（以下简称《通知》）中明确使用公共艺术这一概念，并且将城市雕塑纳入公共艺术的范畴。《通知》提出，要把一定比例的资金用于公共艺术的建设，这给予了公共艺术合法地位，承认了公共艺术的重要性。从此，政府文件中开始使用公共艺术这个术语。与此同时，公共艺术专业机构纷纷出现。2006 年，北京美术家协会成立了中国第一个城市公共艺术专业协会；2009 年，深圳雕塑院正式更名为深圳公共艺术中心。之后，各大院校相继成立公共艺术研究中心，国内开始对"雕塑""城市雕塑"重新定义。

公共艺术的快速发展使公共艺术的人才培养得到重视。1999 年，中央美术学院雕塑系成立公共艺术雕塑工作室；2004 年，汕头大学长江艺术与设计学院成立公共艺术专业；2005 年，中央美术学院城市设计学院成立公共艺术系；2007 年，中国美术学院成立公共艺术学院。与公共艺术人才培养息息相关的教材建设也迅速跟进。2005 年，王中、王洪义撰写了《公共艺术概论》；2006 年，马钦忠撰写了《公共艺术基础理论》。这些书成为中国公共艺术基础理论的主要教材。2012 年，中华人民共和国教育部正式将公共艺术纳入学科专业目录。截至今日，中国共有 102 所院校设置了公共艺术专业，学士、硕士、博士和博士后各层次的公共艺术教学研究体系亦逐步发展起来，中国公共艺术的一批新生力量正在茁壮成长。

进入发展期的公共艺术作品也呈现出不同的发展趋势，中国公共艺术开始走向综合。这种综合不仅体现在艺术手段上，还表现在公共精神和文化价值上，具有代表性的作品有青海的《原子城纪念馆》、杭州的《杭城九墙》、郑州的《1904 公园》等。公共艺术的方式更加多样化，如蔡国强的《大脚印》《九级浪》是烟火艺术，朱小地的《又见五台山》是建筑艺术，四川美术学院虎溪校区是景观艺术。中国公共艺术开始走向计划，艺术家扮演组织者、引导者的角色，如杜昭贤发起的"台南海安路公共艺术计划"，徐冰发起的"木、林、森计划"，王中、武定宇发起的"北京·记忆——地铁公共艺术计划"等。中国公共艺术开始走向当代，当代艺术家成功介入公共艺术领域，艺术创作与公共精神融合，如徐冰的《凤凰》、冯峰的《时间的宫殿》等。中国公共艺术开始走向活动，成为国与国之间、人与人之间的文化传播使者，具有综合性、阶段性与永久性特征。此外还有一系列视觉形象、空间营造、仪式展演等与公共艺术活动相关的行为，如汕头大学发起的"公共艺术节"，其用一种临时性方式让公共艺术变得新鲜。公共艺术走向"社区"和"乡村"，关注"人"的生活，连接城市神经末梢，促进交流，改善环境，如上海大学策划并组织的"艺术让生活更美好——上海曹杨新村公共艺术"、陈晓阳发起的"广州美院相邻村落的本地公共艺术"、四川美术学院发起的"羊蹬艺术合作社"等。

如今，虽然中国公共艺术的发展有繁华之态势，但仍处于初级阶段。当前社会倡导的"艺术不能做市场的奴隶，艺术要为人民放歌，艺术创作一定要脚踩坚实的中国大地，坚持洋为中用、开拓创新，创作时代精品，展现中国精神，呈现中国气派"的主张一定会深刻地影响中国公共艺术的发展走向。公共艺术随着社会发展会逐渐渗透到人们的生活中，而不再只是艺术家才能涉足的象牙之塔。

第三章 公共艺术时空维度
与精神内核

第一节 中国当代公共艺术的时间维度

一、历史遗迹与纪念空间

中国有着悠久的历史和大量的名胜古迹，其中，以建筑和雕像为主的古迹体量巨大且蕴含着丰富的艺术性。明代皇帝陵墓两侧的石像生、三星堆考古发现的高大的青铜神树、圆明园大水法遗址雕刻、沧州的铁狮子以及颐和园的铜牛，它们原来并非为公共、为艺术而造，但经过岁月的冲刷，已经成为巨大的充满历史感的艺术符号。此外，还有我国历朝历代工匠为本地名人、伟人做的雕像，也多数为大众乐于所游所观之处。在 1903 年出版的《纪念碑的现代崇拜：它的性质和起源》（ *Der Moderne Denkmalkultus, Sein Wesen und Seine Entstehang* ）一书中，奥地利艺术史家阿洛伊斯·李格尔（Alois Riegl）认为"纪念碑性不仅仅存在于'有意而为'的庆典式纪念建筑或雕塑中，而且其所涵盖对象应当同时包括'无意而为'的东西（如遗址）以及任何具有'年代价值'的物件。"[①]

我们完全可以说这些历史遗迹是广义上的公共艺术，但为了和真正现代意义上的公共艺术相区别，可以称其为前公共艺术，即完成于现代公共艺术概念提出前，符合公共艺术特征的公共艺术。

当然，许多人对"历史遗迹是公共艺术"这一论断存有疑问。由于西方传来的公共概念产生的时间要大大晚于前公共艺术，因此，"前公共艺术"的定义也就无法涵盖在公共概念中，从而也就否定了其是公共艺术的可能。但是，

---

① 殷双喜. 永恒的象征 [M]. 石家庄：河北美术出版社，2005：16-19.

人类的文化自有其延续性，我们如果将"前公共艺术"与其所存在的象征性空间当作一般历史的一部分，那么处于空间中的"前公共艺术"就能够与时间中的公共艺术发生联系，从而肯定其公共艺术的性质。"这足以解释我们的史前岩画、雕刻、宗教艺术、陵墓艺术为什么在今天能够被划归为公共艺术，这些艺术可以被看作一种处于象征性的公共空间中的艺术。"[1]

历史遗迹与纪念空间是中国当代公共艺术文化渊源的这一认定，与"中国当代公共艺术是从本土文化脉络延续产生的"观点有逻辑上的必然性。虽然公共艺术的概念来自西方，但它主要的理念构成与现实操作一定是与中国的社会现实接轨的，不可能脱离现实。其生成与发展也应该是有历史基础的，不可能横空出世。因此，有关人士对当代公共艺术在中国的产生及认定，也不能完全依照西方社会中公共理念的标准来做推导认定。我们应该承认，历史遗迹与纪念空间对中国当代公共艺术的作用指向是一种历史的因果关系。

二、从作品到事件的演进

中国当代公共艺术当前的主要发展方向是从艺术作品向艺术事件转化。尽管在目前的公共艺术作品中，传统的、呈固态的永久性雕塑和绘画作品依然占据主导地位，但新的艺术形式也在不断被探索和实践。如今的艺术家们正在尝试各种创新的艺术表现形式，如更注重创作过程、实践和互动性强的艺术作品。他们的创作方式更为多元和复杂，既包含常规的，又包含非传统的。这种多元化和混杂的创作形式丰富了公共艺术的表达方式，也为艺术家提供了更为广阔的创作空间。中国当代公共艺术由艺术向社会转变，它以各种艺术设计、形式作为手段，达到以艺术介入生活、介入社会、服务大众的目的，也欢迎以观念突破为主要价值取向的所有当代艺术的加入。

中国公共艺术很长时期以来作为一个特称名词，主要是在美术和视觉造型艺术领域内使用，指代"公共造型艺术"。公共艺术的英文是"Public Art"，

---

① 吴士新.也谈公共艺术的公共性：读《公共性：道义的熔铸》与彭迪先生商榷 [J].美术观察，2005（4）：20.

直译过来是一个全称词，即公众共同介入的、在公开场合下展示的艺术。公共艺术在当代中国的发展，正在突破环境艺术、景观艺术、城市雕塑等的局限，向着内容和意义涵盖更加广泛的大公共艺术方向发展。在公共艺术领域，当代艺术的形式和载体得到了丰富和多元化的拓展，这一转变得益于多媒体艺术的发展和网络空间的普及。相比以往对公共艺术形式的静态定义，如城市雕塑、壁画等物化构筑体，现代的公共艺术更重视其作为文化孵化器的作用，强调"发生"的过程。因此，公共艺术的本质已经超越了物化的艺术形式，成为一种活跃的、强调过程和文化属性的都市文化推动器。

一个完整的公共艺术创作过程，对公众的影响要超过单纯的作品陈列。如果艺术家与公众能够共同实现公共艺术的创作，使公众以艺术参与者的身份推动公共艺术事件，那么公共艺术就可以顺理成章地拥有广泛的公共性，对公共艺术的发展起到强大的推动作用。我们应该对中国当代公共艺术由艺术作品向艺术事件转化持肯定态度。

在1999年何香凝美术馆主办的第二届当代雕塑艺术年度展中，许多艺术家的作品已经有了很强的对话意味。展览通过充分使用大众性的视觉叙事技巧和传播方式，来解读"平衡的生存"这一主题，目的是要突出作品的开放性和互动性。此举旨在激发观众在欣赏和理解艺术作品时的主动性，转变他们在传统雕塑面前的被动和服从心态。朱铭的《太极推手》、傅中望的《地门1号》都营造了一种与观众聚合、交融的空间气氛；展望的《鱼戏浮石》、米丘的《丝路敦煌·幸福生存》、喻高的《倾斜的苹果》、向京的《窥》采用了寓意性、神话性的视觉叙述模式，力图引导观众进入一种对话性阅读的语境之中；赵半狄的《赵半狄与熊猫咪》直接挪用公益广告传媒方式，以风趣诙谐的叙述性图像消除了作品的封闭倾向，改善了先锋艺术与公众之间紧张的阅读关系。所有这些视觉方法都为不同层次公众的解读和想象预留了充分的空间，拉近了作品与观众的心理距离，有利于使观众由被动主体向能动主体的转化。

公众对以上种种作品在欣赏过程中的对话意识和在创作过程中的仪式表达，已经和传统意义上作品与观众的主客体关系有所区别，但还是以作品为中心的。这种艺术化仪式内容的注入，可以使作品和艺术家得到更多的社会关注，并由此提升作品的公共影响以及公共性。

中国当代公共艺术向着艺术事件转化的演进脚步并不会停止，一件成功的公共艺术作品本身可能就是一起公共艺术事件，这个作品的成功与否以事件对人群的影响为主要因素。传统意义上有形作品的概念将被弱化，不以长久保留为目的，无形的公共艺术事件将给公共艺术参与者留下艺术的记忆。艺术事件性的公共艺术和某些表演艺术在形式上有些类似之处，二者有理念和形式的差别，如何区分还需要继续深入研究探讨。公共艺术是过程的艺术，它注重的是作品的过程而不是结果。在表现形式上，公共艺术常常体现为一个社会事件和公众活动的过程。孙振华先生曾断言："中国当代公共艺术已经进入了'策划'的时代。"[①]

行为艺术和艺术事件性的公共艺术在表现形式上接近，二者的主要区别在于作用指向和公共性的分歧。行为艺术着眼于意识形态的反抗性，表现出的是反主流的批判性，观众常常因受到刺激而感到诧异和不快。虽然艺术事件性的公共艺术也有社会问题意识，但其较为注重的表达方式是否为大众所乐于接受，不可能走向艺术审美传统和社会主流价值观的反面。二者均要注意的一个问题是不要以艺术的名义混淆艺术与生活的界限，因为这会激怒那些因为审美习惯不同而要求艺术与生活保持明确边界的公众。艺术家在行为艺术中，似乎能将任何行为，包括那些不负责任的行为，都视为艺术的一部分，这使得他们的审美特权有可能无限扩大。因此，艺术的个性与自主性有可能转变为艺术家对公众的专制，这是艺术家自我理解的极度扩张。这显然不是公共艺术想要的结果。如果说成功的艺术事件性的公共艺术引导人群走在一起互动的目的是在思想情感上求同，而一般的行为艺术总是以正常行为的陌生化和反常行为的意图化成为有力的艺术表达，其具有机遇性、偶发性和一次性。行为艺术值得为中国当代公共艺术所关注的一点是"当代人城市化生存的艺术反应"，因为行为艺术在公共现场实施，具有对于既成现实的直接挑战性，是最不容易样式化、最难以商业化和体制化的艺术方式。虽然艺术在人类的生存中并非必需，但其在人类的生活中占据着非常重要的位置。其中，行为艺术揭示了人类作为

---

① 孙振华. 公共艺术时代 [M]. 南京：江苏美术出版社，2003：62.

身体实体的重要价值，同时突出了个人体验的独立性。这实质上是对个人自由的尊重和确认。虽然行为艺术在中国近30年的发展中充满困惑与尴尬，始终和社会主流艺术有着隔膜和对抗，但中国当代公共艺术不应该拒绝行为艺术的加入。

王开方的春运作品《回家2011》引发了社会公众的广泛共鸣。《回家2011》的素材源于车站现场，100张春运的车票上面记录着人们对回家的期盼。一句句饱含真情、朴实简单的话语和字迹，演绎着一个个不同心情的春运故事。不同的人、不同的目的地、不同的车票、不同的经历，构成了艺术家作品的原型。在作品的表现上，人物的身份表述并不是通过装束或面貌，而是通过持票人的手指细节和字体特征，不一样的手指和字迹，体现了作品人物不一样的社会特征与身份差异。他们中有孩子，有学生，有戴着残破手套、满手裂纹、写字认真的老者，有裹着泛黄创可贴、指甲缝中残留污垢、字体歪斜的民工，也有涂着指甲油、字迹清秀的白领。作品中的车票也各不相同，有站票、卧铺票，还有学生票、军人优惠票。据王开方老师的助理小易介绍，在现场采集资料时，他还看见一张从北京西到南宁的、票价仅为2元的特许签证票。这些各种各样的小细节能够反映春运人的轮廓，有人欢喜有人忧，而这本身也是社会缩影的再现。《回家2011》，一件看似普普通通的作品，记录着看似平平常常的事件，但当它展现在人们面前时，薄薄轻轻的画面背后分明透露着厚厚沉沉的社会问题，带给人们许多感动、反省和思索。

艺术家是时代的另类记录者，强烈的社会使命感激发了他们对于春运现象的关注与创作。以往的春运报道给人的印象大多是混乱、拥挤、消极的，而在王开方的作品中，呈现的是春运的美好、轻松、亲切、温暖，并传达出善意的批评和积极的推动力。这也就不难理解为什么媒体将《回家2011》誉为2011年第一个引发全民共鸣的当代艺术作品，这部作品用真实的元素和真实的感动，孕育出直抵人心的力量。

没有与公众的有效交流，就构不成公共艺术的公共性。如今，一些艺术家开始把公众对艺术作品的参与作为公共艺术的首要因素来对待，即公众以切身行动参与作品创作，作为作品不可或缺的组成部分，从而使作品超越主客体单纯二元审美的限制。这不但会大大调动公众参与艺术的积极性，也会使艺术向公共艺术转变。可以预见，由于公众的广泛参与引发的关注与共鸣，会加快中国当代公共艺术从作品向事件的演进，一个个艺术事件会在网络时代加速到来。

第二节 中国当代公共艺术的空间维度

一、城市公共艺术

城市本身便是人类文明发展的一个重要成果。公共艺术的最早发端可以追溯到古希腊时期雅典城的阳光广场，阳光广场的出现和雅典的民主制度有密切关联。随后，欧洲从古罗马时期以来，出现了许多大型广场和公共建筑，使得众多在公共空间存在的雕塑艺术具备了开放性。这种广场形态在欧亚大陆的许多城市中均有出现，比较著名的有莫斯科的红场、巴黎的协和广场、佛罗伦萨的市民广场等。

天安门广场是中国的标志，其政治意义和物理意义都很突出。中国许多城市的中心都是解放广场、五一广场或与此类名称相似的、与当地政府大楼距离很近的广场，这种城市布局是新中国第一次城市规划建设的历史延续。众多以政治性的纪念碑、群体雕像为主的公共艺术作品分布于城区中心。改革开放后，我国城市广场的建设成为潮流，很多现代化的广场成为城市的新亮点。这些广场大多被冠以"城市文化广场"的称谓，集中陈列了一批有别于新中国成立初期的、以艺术审美为主题的雕塑或景观作品。其中比较知名的有长春解放广场、大连建市百年纪念广场、深圳龙城广场等。

20 世纪 80 年代中后期，以城市雕塑为主体的中国当代公共艺术开始注重与环境的互动关系，这和我国改革开放以来，经济高速发展导致的一系列环境问题有关。艺术家开始关注城乡环境恶化对人类生活质量的影响。这一时期艺术家的创作以解决现实的城市环境问题为主线，自觉地把艺术思索、设计创意和环境理念相结合，环境艺术设计对生活美化的作用得到社会的普遍认同。环境艺术的表现方式进一步打破了人们对传统艺术观念的理解，它将构成环境空间的各种要素结合起来，实现了人与环境的和谐。艺术家和设计师前瞻性地携手担负起环境、城市良性发展的重任。

20世纪90年代以来，伴随着社会转型的加快，整个中国社会的文化价值结构开始出现"经济－商业"的利益主导，文化消费市场充斥在城市及其衍生辐射地带。中国当代公共艺术的发展也呈现出与之相应的态势：一方面，与经济发展的步伐相吻合，出现了一批以辅助营利为主要目的并含有广告因素的商业公共艺术；另一方面，伴随着社会公众文化意识的觉醒和健康消费观念的养成，中国当代公共艺术呈现出大众关注且积极参与的态势。大量建筑风格各异的城市小区和购物广场在全国范围内出现，以改善社会公众环境审美状况为己任的公共艺术和追求个性表现的建筑相应和，广场、商业街、古城墙内外、河湖水畔周边大量公共艺术的出现，促进了20世纪末城市公共文化景观的大发展。这一时期的中国当代公共艺术，体现出大众审美和个性追求并举，娱乐和商业融合，传统与现代、民族与西方、写实与抽象等众多艺术风格共存的特点。在房地产业大举改变城市面貌且拆迁无处不在的20世纪90年代后期，"XX广场"常常是指房地产开发楼盘的名字，其中并无传统意义上的公共广场空间。但是在一层高敞的商用空间或数层贯通的共享空间内，在楼宇绿化的草坪树丛间，往往点缀着一些现代雕塑作品或者喷泉花坛一类的景观，如北京CBD地区万达广场里面就有一尊近四层楼高的考尔德作品风格的灰色钢制雕塑。

进入21世纪后，中国当代公共艺术在城市建设中的地位愈加重要，也更多地承载了地域特点诉求。众多以旅游为主要定位的大中城市投入大量的公共艺术建设资金，表现出旅游业本身对公共艺术改善城市环境的倚重。中国当代公共艺术在此类城市中出现的速度、数量和质量均十分可观。早在20世纪80年代，三亚市鹿岭路山顶的"鹿回头"雕塑已经成为著名的城市标志；"美丽之冠"会展中心洁白皇冠样的建筑外形和附属的雕塑等设施，以整体的艺术环境在青山绿水间魅力尽显；"天涯海角"景观广场将雕塑与绿化结合，在自然景观和人文景观的融合方面也颇受好评。公共艺术可以凝聚一方水土特有的灵性，呈现当地人特有的生活艺术，展示不同地区各具特色的审美情怀，让人们品味独特的城市风格。

在全国范围内，公共艺术在城市空间内的数量剧增，形式也更为多样。例如，2008 年，北京为迎接奥运会的召开，在全市集中建造、摆放了一系列雕塑、壁画、装置等公共艺术作品和具有艺术元素的公共设施。崇文门地区几经拆迁，已经高楼林立，作为纪念，人们在东花市大街的两侧摆放了近二十幅反映当地商业人文历史和非物质文化的浮雕作品，并伴有文字说明。花市十景之一是火德真君。火德真君庙俗称"火神庙"，花市大街以火神庙为中心，生意兴隆。老字号"青山居"的珠宝玉器更是吸引了不少中外宾客。

在距离市中心很近的老工业厂房，因为城市职能的转变，出现了北京"798"、上海田子坊、成都东郊记忆等一批艺术区，这些艺术区现已成为各种艺术形式聚集的公共艺术重点区。

在中国城市发展过程中，以经济利益为核心的现代主义使许多城市失去了曾经拥有的优美自然环境和丰富人文资源。新兴的城市由于缺少历史的积淀和文化艺术氛围的营造，逐渐沦为文化贫瘠的精神沙漠。尤其可悲的是，城市中社会公众的文化趣味乃至整体审美精神的堕落。公共艺术在许多城市常常出现了匪夷所思之处，无论城市大小，只要是当地最大、最贵的洗浴中心，大多采用欧式建筑，柱头、拱门、廊柱，还有西洋雕塑。这也许是向古罗马公共浴池兴盛传统的致敬之举，其也有标榜高消费的现实功用。我们从这种另类公共艺术作品中可以看出，社会公众对从崇高的政治目标到低俗的欲望诉求的作品的广泛需要，这正是中国当代公共艺术所要面对的客观现实。

从发展的角度来看，城市是不断变化的，公众对城市的需求也会不断变化。对中国当代城市的价值构成而言，经济已不再是衡量一个城市发达与否的唯一标准，文化逐渐成为城市价值的核心要素，以文化内涵为核心价值的城市文化指数，已经成为中国现代城市表现魅力的重要方式。一个城市或地区有没有富有创意与代表性的公共艺术作为城市文化符号，是否有公众参与的自由艺术氛围，是否有比例充足的蕴含艺术气息且有利于文化交流和体育休闲娱乐的开放公共空间，已经成为衡量一个城市文化审美程度高低的重要指标。公共艺术在我国城市及其周边的不断发展和其综合文化价值的凸显，是我国社会经济长足发展、政治体制逐步完善的必然结果。中国当代公共艺术将伴着城市文化的整体发展深入社会公众的生活，服务更广大的人群，走向更广阔的领域，承担更多的社会责任。

二、乡村公共艺术

有一种意见认为，公共艺术的"公共"一词来源于城市文化概念，公共艺术从产生时期就与城市中的社会形态密不可分，是城市生活不可或缺的要素。中国农村因为缺乏公共空间而没有公共艺术产生的土壤，也就无从谈起公共艺术。编者对此持否定态度。中国当代公共艺术如果不能涵盖广大的农村，如果不能服务于数亿的中国农民，那将是难以接受的，其也就不能成为真正的中国当代公共艺术。很长时期以来，中国当代公共艺术被打上了城市的标签，"城市是公共艺术的载体，公共艺术属于城市，它随城市而生，为城市而存。"① 虽然这种说法在一定程度上已经成为公共艺术研究的普遍认知，而且有相当的理论依据，但是以"为公共服务"为目标的中国当代公共艺术置亿万农民于不顾，显然无法令人接受。目前，中国农村公共艺术匮乏是由于当代公共艺术的失职与缺位，这有传统观念、欣赏习惯和文化政策的历史原因，也有中国当代公共艺术本身定位不准与发展方向迷茫的现实原因。

中国在历史上是一个乡土社会，至今农村仍保持着良好的文化传统，民间美术、戏曲说唱等艺术的真正根脉在农村，并富有生命力。民俗文化具有公共性，这种公共性来源于民俗本土强大的集体性，各类民间文艺活动的道具形象和使用方式往往具有很强的参与性和传播性。我们几乎可以肯定，中国当代公共艺术是离不开广大中国农村的，中国乡土社会的民间艺术传统将给中国当代公共艺术提供充足的养分。

中国农村有独特的公共文化生活传统，即便是规模不大的村镇也有"集"和"社"一类的公共环境存在。如云南省内，丽江、束河等古村镇的中心地带，

---

① 邓思然. 从人与环境的关系谈公共环境艺术设计 [J]. 文艺生活·文艺理论，2012（6）：66.

都有四方街之类的公共交流区域；河南朱仙镇文庙前的小广场，既有集市的商业功用，又是村民聚会交流的文化空间；在贵州雷山千户苗寨开阔的打谷场内、有木头搭制的图腾门和火把节"上刀山"的架子。就现实情况来看，许多普通农村地区已多有壁画、雕塑出现，这些作品大多和宗族信仰有关。除此之外，也有追求美化生活环境的现代雕塑、壁画作品，但总的来看数量稀少，艺术性较差。在全国大量以艺术和相关产业为主要经济规划的地区内，有多种艺术形式，加上大量参观人群的流动，使这些地区成为中国当代公共艺术最有活力的地方。而坐落于城乡交界的专业艺术村、画家村在文化产业发展的趋势下日益增多，如深圳的大芬油画村，这些艺术村对农民文化艺术观念的改变作用巨大。但令人担忧的是，现代文化艺术理念的进入，对当地原生态的民间艺术传统会造成不可避免的损害，艺术产业的经济效益也将始终占据此类艺术村的主要方面。

公共艺术本身介入乡村空间，重要的不是仅仅创造出一些物质形态的艺术作品。更重要的是，要通过对当前乡村社会的关注和互动，顺应、推动社会变革，从而建立良好的城乡互动机制，使每一个公民都能有尊严地、平等自由地参与公共社会生活，共享社会文化成果。我们应该将中国当代公共艺术的美育作用和自由精神作为其在农村地区的主要目的，特别是对农村儿童的艺术启蒙和美育成长的作用。如果中国广大农村地区能多一些高质量的公共艺术作品出现在学校、谷场、田间，那么，就可以令乡村文化生活得到很大的改观。如果乡村所有的希望小学都能在操场内配套一些艺术名家的壁画和雕塑作品，在图书馆或教室内都能悬挂陈列具有专业艺术水准的书法和绘画作品，并有针对性地配备艺术教材和师资，那么，广大农村学生的艺术修养必将大幅度提高。城乡接合部的农村地区比较容易受到以城市为中心的公共艺术的辐射影响。因此，比较偏远的农村地区更应该成为公共艺术的关注重点。中国当代公共艺术应该以艺术的手段来改变农村的文化面貌，尽快改变中国目前"城市像欧洲，农村像非洲"的现状。在过去的几年里，中国农村的变迁尤为显著，对此值得深入探讨。

第一，中央的新农村计划，进一步缩小了城乡生活差距。重庆等地更是率先实行有特色的地方政策，请农民"坐直通车进城"。广大农民工一年中的大部分时间生活于城市，在价值理念、身份认同、文化环境上与城市居民的差别逐渐缩小，成为城乡"两栖"的"新农民"。中国农村人群和城市人群公共生活之间的落差正在逐渐缩小。

第二，富有历史的古村镇需要整体保护。在当前非物质文化遗产热潮中，古村镇不能领到了保护标志就开始卖旅游门票，要保护原生态的乡村文化传统，避免沦为"打卡式"旅游景点和旅游商品大卖场。中国当代公共艺术对这一部分农村古镇的介入，就要多考虑动态的、暂时的艺术事件性的公共艺术方式。

城乡等值化是德国从20世纪50年代开始实施的一项城市与农村发展的实验。其目的不是将农村改变为城市，而是强调在继续保持农村的生产、生活形态的同时，加强农村的公共文化建设，保护农村的生态和历史文化遗产，让农村居民的生活与城市生活不同类但等值，使他们获得与城市居民同样的文化满足感和幸福指数。20世纪50年代的德国和如今的中国的情况一样，城乡差别很大，大量的年轻人离开农村。针对这一情况，德国汉斯·赛德尔基金会提出了"城乡等值"的概念，其目的就是让城市和乡村平衡发展，提高农村的生活质量。德国的城乡等值实验是从巴伐利亚州开始的。巴伐利亚州是德国面积最大的州，农村地区的面积占全州面积的87%，共有60%的居民生活在农村地区。经过几十年的努力，巴伐利亚州的乡村变成了世界上最美的乡村之一。

德国汉斯·赛德尔基金会曾派专家组到山东省青州市帮助南张楼村进行了系统的乡村规划，为南张楼村制定了长远的发展目标。经过二十多年的建设，南张楼村发生了巨大的变化：村里有了给排水系统、照明系统，有交通分流系统和停车场，有中心广场、中心公园、运动场、游艺场，有电影院、中小学、幼儿园以及村民休闲用地，等等。然而，在实验过程中，中德之间的分歧也显而易见。这些分歧，有的是因为国情，有的则是因为不同的观念和文化传统。

对具体的公共艺术项目，两方的分歧更是明显。南张楼村文化中心建成了一个小洋楼，但在德国专家眼里，中国北方农村建筑就该是青砖小瓦，典型的四合院布局。当村里盖了一个古典建筑风格的民俗博物馆时，虽然德国专家很欣赏这个建筑的传统门楼和建筑色彩，但认为它占用了村民的休闲用地，同时也不赞成对瓷砖的运用和花花绿绿的图案……

在南张楼村进行的公共艺术城乡等值实验，其中的分歧或许比已取得的成绩更加耐人寻味，城乡等值不应该是形式上的套用或者城市向乡村的单向文化艺术流动，而应该是一个相互的作用过程。

从 2010 年开始，艺术家和策展人欧宁在安徽省黄山市黟县碧阳镇的碧山村，开展了"碧山共同体"的乡村公共文化建设试验，其目的是实现艺术对乡村生活的可持续介入。首先是组织艺术家、设计师来碧山考察，然后是请他们对乡村进行艺术改造。设计师谢英俊将中国台湾地区"永续建筑"的经验用在"碧山共同体"改造徽派民居"新栖所"的建设上。服装设计师马可、歌手朱哲琴、木刻家刘庆元、舞美设计师王音等艺术家和设计师们，将自己的专业技能和当地的民俗和手工艺结合，希望能将当地文化传统转化为富有特色的、可持续的乡村生产力，实现碧山经济和文化的复兴，建设理想的乡村公共生活。欧宁还策划了"碧山丰年庆"公共文化活动。这个嘉年华式的三日狂欢，白天展览、研讨，晚上演剧、唱歌、放露天电影，是欧宁、左靖建设乡村公共生活的尝试。还有不少艺术家将注意力放在中国乡村公共艺术的实践当中。2008 年8 月，丽江工作室策划了"壁画项目"，在网站上向各地的艺术家发出进驻邀请。丽江工作室坐落于云南省丽江市一个叫拉市海的乡村，他们希望通过进驻艺术项目将当代艺术放入当地特定的空间和生活，促成艺术活动与周围自然环境的互动，以探索如何使艺术与大众、社会及生活发生紧密联系。

三、原野公共艺术

城市是人类文明高度发展的产物，但现代城市之病也已成为世界范围的难题。人们追求心灵的自由，追求与大自然的融合，追求摆脱都市生活的压迫和束缚，就要走出城市，走向自然。公共艺术通常和人口密集的城市密不可分，在空旷的原野，有可能或者说有必要出现公共艺术吗？答案是肯定的。公共艺术是离不开人的，而人的足迹和目光所及绝不只限于城市和乡村。中国当代公共艺术应该有一个宽阔的视野，在空间场域的选择上要尽可能满足人们不断拓展的深层情感需要。

邸乃壮在 1994 年创作的作品《大地走红》开创了中国原野公共艺术的先河，虽然从严格意义上说，这部作品在创作时并未远离城市，但是在作品构成方式和环境选择方面，这部作品与普通的城市雕塑已经大相径庭。1994 年 10 月，邸乃壮在天津水上公园用一万把红伞设计了《大地走红》艺术造型，随后在武汉、南昌等多个城市的景区进行了《大地走红》艺术展。艺术展以一万把红伞作为道具，通过各种形式，或悬在空中，或浮在水面，或挂在树梢，或散落在地面，与各个景区的地形地势结合，让游人漫步其中，给人以视觉冲击、心灵震撼和审美享受。

虽然桂林愚自乐园是雕塑公园的形式，但整个园区置于"桂林山水甲天下"的大自然中，艺术形式也不局限于一般的雕塑，而是有机容纳了许多当地原生态的石槽、石墩、灵璧石等原有的元素。公众置身其间，感到艺术被自然"化"的结果并不是艺术的消失，而是整个原野、整个自然有了艺术的韵味。天地有大美而不言，人在其中，"仰观宇宙之大，俯察品类之盛，所以游目骋怀，足以极视听之娱，信可乐也。"这应该是原野公共艺术的理想境界。

2007 年 5 月至 2007 年 8 月，"透明之局——原当代艺术西藏邀请展"汇聚了近百名艺术家、批评家和专家学者。他们进入被世人称为"世界第三极"的青藏高原，在那里实施了一系列艺术活动，运用了行为、摄影、装置和大地艺术等多种艺术形式和综合媒介，让当代艺术观念在与青藏高原独特的自然和人文环境的碰撞和交流中，不断地完善。吕胜中在创作《扎西德勒——降吉祥》时，很好地利用了藏族的红色，以及藏族将小红人视为吉祥图式的习俗。他在青藏高原南线通过热气球播撒 40 万个小红人，引起当地人的强烈反响。

环境艺术作品拥有一种普遍的特征，这种特征将它们与传统艺术区别开来，使它们成为自然与艺术之间最内在的关系的实例。这些作品在大地之中或在大地之上，以这样一种方式，自然地构成相关的审美对象的一部分。公共艺术作品在原野的存在应是自然生发的，自然美景与公共艺术要完全融为一体。中国当代公共艺术包括水景艺术、景观艺术、大地艺术等综合考虑自然环境和人文环境的"大"的艺术形式。像先天的亲水性一样，人们对原野有着深深的依恋，公共艺术作为这种依恋的表达方式，具有在原野发生的可能性以及必要性。当人们以审美和艺术的眼光欣赏土地时，原野就具有了艺术学、地理学、生态学等多种含义。原野除了作为公共艺术的背景之外，还应该成为公共艺术的主体对象。中国当代公共艺术对原野的理解要走出风景区，走向真正的大自然。

四、交通沿线公共艺术

交通沿线的公共艺术连接了城市、乡村和原野，其从空间划分上应该可以分段、分类并归入上述三部分。但因为交通沿线的空间有特殊性和独到之处，特别是城市之间、城乡之间人群流动频繁，对公共艺术有着大量的潜在需求，故有必要单独论述。交通沿线的公共艺术以人为核心，以城乡、机场、车站等公共交通设施、环境为主要对象，运用综合艺术手段，营造交通空间与交通设施的艺术化。

一部分交通沿线的公共艺术主要分布于道路沿途两侧，人们在交通工具上只能远远地观望，且观看的时间很短，也不大可能走近仔细观察。不仅是作为货物般简单机械地运输，而且交通系统也为人们打开了一扇窥探世界另一面的窗户。它允许不同身份、性别和年龄的人在有限的空间和时间内与他人进行短暂的交流。交通是人们生活的重要组成部分。人们一次次地经过那一个个"既熟悉又陌生"的公共艺术，遇到不同的人，经历不同的场景，获得不同的感受。这样看来，有公共艺术介入的交通沿线可以成为人们"穿越城乡的艺术之旅"。

交通沿线的公共艺术通常因为空间开阔而需要吸引人们的注意力，其朝向的目标群体不可能是单一的，这就对艺术家提出了更高的要求。艺术家创作的作品既要反映开放胸襟，迎接四方来客；又要体现地方的文化特质，贴近当地公众。艺术家在创作前要分析作品的目标受众是外来游客、本地民众，是行驶在路上的司机和乘客，还是从空中鸟瞰作品而乘坐飞机的人群。只有定位准确，才能创作出符合大多数人的交通沿线的公共艺术。交通沿线的公共艺术往往以沿途的自然风光为背景，和嘈杂纷乱的城市空间相比，其更容易取得较为纯粹的视觉效果。人在旅途，往往精神放松，可以跳出日常琐事的纷扰，旅游使人们比平常更有欣赏艺术的心境和时间。交通沿线的休息空间常常成为公众欣赏公共艺术的绝佳之所。在中国台湾地区东海岸，苏花高速公路旁有一处北回归线纪念公园，主体建筑是一个大型纪念雕塑，辅以具有科普知识性质的浮雕和文字长廊，加上用金属标志标出的北回归线纬度位置，给参观游览的人们以跨越时空的独特感受。在河南，从郑州到少林寺的高速公路两侧石壁上，形象粗犷的少林寺僧人习武的高浮雕和几何变形的运动人体图案壁画交替出现，使去少林寺参观的人在途中就能够感受到中国功夫的深厚底蕴。四川成都为美化城市环境，对一些立交桥下的空地进行装饰，过去昏暗的立交桥底空地如今已成为市民休息的场所。

另一部分交通沿线的公共艺术主要分布于机场、车站、码头等公共空间，人们可以较长时间地欣赏、进入，是公共艺术流动的节点。机场、车站、码头的公共艺术有一定的地标和指示作用，既要有一定的体积高度，又不能阻碍视线，对公众产生干扰。特别是机场，往往位于城市郊外，四周空旷，严格的安检措施和复杂的登记手续会使人们在机场停留一两个小时或者更长的时间，车站和轮船码头的情况也大同小异。在候车（机、船）室内壁画最为常见，雕塑因阻碍人群的流动而出现不多。北京奥运村地铁站中大量引进了公共艺术，其中，"青花瓷"的创意受到不少好评；在奥运公园南站的出口，艺术家们结合景观和下沉广场的建筑特点，采用大量节能环保的 LED 灯装饰，兼顾了白天和夜晚的光线变化，显示出气势恢宏的效果。在国外火车站、桥梁和火车车体上常见的涂鸦艺术，在中国严格的城市市容和交通工具管理条例下很少出现，但也越来越多地出现在大城市立交桥周遭的一些墙面上。

交通工具本身的艺术化是交通沿线公共艺术的重要组成部分。在 2008 年北京奥运会期间，奇瑞汽车向英国购买服务特殊人群的出租车，吸引了大量关注。2010 年上海世界博览会的专属出租车队，数量达 4 000 辆之多，这个车队中所有车辆的身上都贴有世博会场馆图案的装饰，既容易辨认，又为展会增色不少。大众公司、宝马公司曾将甲壳虫轿车和迷你轿车当作画板，请艺术家和设计师做车身绘制和肌理改造，在展场上的静态展示和行驶在路上的动态效果都传达出强烈的艺术气息，让人感到十分新奇有趣。公交车因为具有易于喷绘的大幅平面，一直是商业广告的宠儿。公交车身上的许多广告充满奇思妙想，具有很高的艺术价值，但到目前为止，我国还没有在公交车身上创作的公共艺术作品出现。

中国当代公共艺术在交通沿线上的表现并不尽如人意。许多高速公路上的休息站、收费站、大型企业周边的广场等环境的公共艺术作品，其制作摆放的初衷可能考虑了路过客流的因素，但成功之作不多，能被人想起的几乎没有。北京地铁一号线前门站到崇文门站之间，工作人员在出入口的墙壁两侧悬挂了连续的液晶显示屏，配合特殊制作的影像资料和出色的音响效果，在特殊灯光的照明控制下，随着列车的开动呈现出连续的动画效果，给乘客带来有趣的观感。

如果交通沿线的公共艺术和地域特点能够很好地结合，就可以成为向旅客致意的特殊表达方式。例如，1965 年，美国圣路易斯城后建成了雄伟壮观的"圣路易弧形拱门"。这座建筑是为了纪念不屈不挠的西进拓荒者，以不锈钢材料建造了一个巨大的银色金属抛物线造型的拱门，有约 192 米高，跨度也是约 192 米。圆弧内通电梯，乘客可以乘坐到拱顶俯瞰大地。在高速公路上，司机一路上都可以看到矗立在云端的闪亮的圆弧在向其招手：欢迎你来到圣路易斯。我国高速公路两侧开阔的空间里应该设计有公共艺术的位置，在众多巨幅广告屏之中，一定要划拨一部分给公共艺术，并且根据需要做相应改造。

第三节　中国当代公共艺术的精神内核

一、公共情感的宣泄

相对于主流价值观的理性，公共情感的宣泄是中国当代公共艺术感性的一面。情感始终是文艺作品的灵魂，公共艺术作品与普通艺术作品的区别是更侧重公共情感的表现。公共艺术作品表达出对某一事件、某一情景公共人群的喜恶爱憎。

历史有许多值得记忆的时刻，当人们在特定的时间和地点面对一组优秀的公共作品时，都会引发相似的情感，公共艺术作品表达出的是人群情感的浓缩和升华。相对于政治和道德的规训和教化，情感更为接近人的本性，也更为直接。许多赞美大自然和人性的公共艺术作品都可以跨越国别和语言的障碍，并引起广泛的共鸣。母亲和孩子嬉戏的瞬间，恋人相爱的时刻，运动中人们健美的身姿，各种可爱的动物形象等在世界各个国家的公共艺术作品中出现。

人的情感是十分复杂的，在特定场合对特殊情感的强化是许多优秀公共艺术赢得观众青睐的重要途径之一。例如，侵华日军南京大屠杀遇难同胞纪念馆中吴为山先生创作的群雕所表现出的强烈的悲哀、愤怒、仇恨的情绪，是每一个了解南京大屠杀历史的中国人都能够共情的。这种由情感交流而获得的持久的艺术感染力是中国当代公共艺术的理想状态之一。

人类外化的公共情感往往是内省的思想意识的感性表现。以里维拉的壁画作品为代表的"墨西哥壁画运动"在公共艺术史上具有举足轻重的地位。当然，在以公共情感宣泄为精神导向的公共艺术作品中，作者个人情感表达的感染力也具有重要作用，其是以与艺术家个人魅力和艺术形象完美结合的创作风格的体现。韩美林是一位有社会担当的艺术家，无论是立于韩美林艺术馆广场上的《母与子》，还是厚重凝练、充满造型语言特点的《新青铜器》系列，个人色彩浓厚的情感艺术气质一以贯之。

中国当代公共艺术应充分反映、体现今日中国大众的共同意志和审美情怀，在有关社会、自然、生命、人性、环境等方面反映公共精神，并传达公共艺术中存在的深切的人文关怀。

二、游于艺的快乐体验

对于普通生活场所来说，以政治、宗教为主的艺术题材往往显得过于沉重，以历史题材、文学叙事为主，追求真、善、美是目前中国公共艺术的主流。中国当代公共艺术还将向着主题淡化的游戏性快乐体验方向发展，这是因为艺术的众多起源里有一种是游戏说。一方面，从审美是一种无功利的活动的角度而言，"游戏说"显然较其他艺术起源的学说更具合理性，它是从自由这一切入点上与艺术找到了共同点，摆脱了作为个体人的当下状况，可以毫无拘束地在游戏规则指引下进入游戏，实现双方的游戏活动。另一方面，人的游戏活动亦离不开模仿、劳动、情感交流等这些活动形式，不论是从游戏的产生，还是从功能角度来看，都是与其他活动形式联系在一起的。例如，当我们从事某一游戏活动时，无不附带有这三者的功能存在。在艺术游戏起源说的公共艺术视域里，可以躲避由来已久的政治束缚，超越意识形态的限制，回归艺术的本源理想。有些艺术形式本身就有游戏的意味存在，如起源于20世纪60年代的欧普艺术。欧普艺术是指大量经过精心设计的，按一定规则排列构成的波纹、线条、色带，或其他几何形画面的有规律组织。造成的由视网膜暂存效应形成的运动连续感觉或者闪烁效果，使视神经在接受画面图形的刺激后，产生眩光效应或者视知觉的迷幻感。欧普艺术可以称得上是一种靠刺激人体本身的生理反应带来快感并挑战人类视觉的智力游戏。

公共艺术在我们身边出现的目的是什么？除了直接教育我们之外，熏陶也是教化的有效形式。我们可以看到，许多商业广场里的喷泉角都是孩子们的乐园，他们饶有兴致地追逐着那不定时喷出的水柱，衣服湿透、狼狈至极也在所不惜。在长春、北京等地的雕塑公园里，孩子们也往往能自得其乐，这也能够说明儿童对艺术有一种先天的亲近感，特别是对于雕塑艺术而言。二至五岁的儿童文化意识淡漠，他们对艺术的感觉可能往往来源于游戏，而游戏为他们带来的主要是快乐体验。虽然许多研究者，包括席勒在内，都倾向将"游戏说"视为艺术起源的一个理论，但实际上，它并不适合作为艺术起源的学说。不可否认，"游戏说"为艺术起源的研究提供了有价值的视角，但不能被等同于艺术的起源学说。我们有充分的理由推测，在人类文化演变的某个阶段，存在一种与儿童自然游戏相似的活动，但这并不意味着这种活动就是艺术的起源。实际上，这种活动更像艺术的真实表现。

人们常常将成年人的游戏称为"艺术"，然后不公正地将儿童的艺术降级为"游戏"，这种做法是没有道理的。虽然儿童的游戏在艺术层面上可能显得幼稚，但就像幼稚的儿童依然是人，原始人也依然是人一样，幼稚的艺术也仍然是艺术。因此，声称艺术起源于游戏的说法其实是不准确的。理由有两点：第一，艺术和游戏在本质上是同一种事物，即游戏本身就是艺术，因此我们不能说其中一个起源于另一个；第二，艺术的感知方式实际上比儿童游戏的历史更为久远。

艺术游戏起源说揭示了游戏冲动、审美自由与人性完善之间的重要联系，也启发我们公共艺术和游戏在审美价值同构方面的相似之处，即艺术游戏的有效性尤其适用于艺术事件型的公共艺术策划。游戏较强的参与性带来公共性的优势，游戏的自由态度赋予公共艺术以创造为核心的快乐体验，中国当代公共艺术可以在游戏中走向娱乐性和审美性的统一。

三、以人为本的心理合一

从"志于道"到"游于艺"的价值取向变化成为目前中国当代公共艺术发展的主要方向，但其精神追求绝不会停留和局限在简单的游戏之上，而是要走向更广的公共性和更深的民族性之中。中国当代公共艺术的核心任务是满足社会大众对于艺术的公共性诉求，隐藏在公共艺术审美、创作背后的是公众对公共空间权利归属的合理要求，即公共空间的管理机制和制度建设问题。如果要建立合理的公共艺术制度，就需要树立以人为本的自由、平等、权利、价值等公平正义的理念。要与中国的社会现实进行对话，取得共鸣，这需要一定的时间，不可能简单套用，更不可能一蹴而就。以人为本的中国文化传统是中国当代公共艺术精神内核生发与形成的思想源头。与西方"为了艺术而艺术"的艺术不同，中国当代公共艺术倡导的"游于艺"的主体只能是人。中国儒家"敬天""天人合一"，道家"道通为一""道法自然"，禅宗"见性""梵我合一"等思想构成了中国人的精神世界，在艺术上已形成以"意境""外师造化、中得心源"等为代表的中国传统审美特征。中国当代公共艺术的作用形式离不开民族性格的积淀，中国当代公共艺术应该成为中国人的内心情感、哲思体验外化的形象和联想的凝结体。中国当代公共艺术的价值取向应当包含中华民族优秀文化传统与中国艺术"心道合一"的理想境界，这些内容是中国当代公共艺术最重要的精神内核。如果说艺术的本质是意识的创造与传达，那么以中国哲学为根底的中国当代公共艺术的创造——无论是具象还是抽象，无论是作品还是事件，所传达出的思想与意识都应该符合现代中国人的风格气质。在继承并发扬中国传统文化精神的基础之上，中国当代公共艺术应该将创新作为自身发展的原动力，在保持中国文化一贯的包容和开放之外，有"敢为天下先"的勇气和担当。

中国当代公共艺术精神内核的建构将受到全球化、网络时代、艺术传播、艺术事件和本土性等诸多方面的影响，一个样本纷繁、内容混融、形式多变的公共艺术时期就要到来。笔者希望中国当代公共艺术在万象更新的繁华背后，是"心道合一"的淡定和从容。

第四章　实用型公共艺术
——公共设施设计

第一节　公共设施的基础概述

一、公共设施设计的概念与特点

（一）公共设施设计的概念

通常意义上认为，公共设施是提供给公众享用或使用的、属于社会的公共物品或设备。从社会学角度来讲，公共设施是满足人们公共需求（如便利、安全、参与）和公共空间选择的设施，如公共行政设施、公共信息设施、公共卫生设施、公共体育设施、公共文化设施、公共交通设施、公共教育设施、公共绿化设施。从空间的含义上来讲，公共设施是被三维物体围成的区域，是把"大空间"划分为"小空间"，又将"小空间"还原、融入"大空间"的过程。从美学的角度上来看，公共设施设计则是对立、统一和变化的过程。

公共设施设计是伴随着城市的发展而产生的融工业产品设计与环境设计于一体的新型环境产品设计，是工业设计的一部分。公共设施是城市不可缺少的构成元素，是城市的细部设计。公共设施设计的主要目的是完善城市的使用功能，满足公共环境中人们的生活需求，提高人们的生活质量与工作效率。公共设施是人们在公共环境中的一种交流媒介，它不但具有满足人的需求的实用功能，还具有改善、美化城市环境的作用，是城市文明的载体，对于提升城市文化品位具有重要的意义。

在城市的每个街区中，各式各样的公共设施默默地给人提供各种便利的服务。因学科研究方向和切入点的不同，公共环境设施的名称，有时也被称为"环境设施""城市家具""建筑小品"等。

在"城市家具"一词中，"家具"（furniture）的定义为："人类日常生活和社会生活中使用的，具有坐卧、凭倚、储藏、间隔等功能的器具。一般由若干个零部件按一定的结合方式装配而成。"从广义角度上说，家具是人们在生活、工作、社会活动中不可缺少的用具，是一种以满足生活需要为目的，追求视觉表现与理想的产物。因此，所谓"城市家具"，即城市公共环境设施，主要是指在城市户外空间（包括室内到室外的过渡空间）满足人们进行户外活动的用具，是空间环境的重要组成部分，是营造自由平等、充满人文关怀等美好氛围的社会环境的重要元素。

公共设施是连接人与自然的媒介，起着协调人与城市环境关系的作用。我们要根据人们不断变化的生活习惯和思想观念，不断设计出新的能够满足人们物质需求和精神需求的公共设施。公共设施设计的内容包括形式和内涵两个方面。内涵在公共设施设计中表现为对文化价值的展现和对深层含义的显现，而形式则体现为设施设计的初始效果，这是其结构形态与其他设计元素整合所产生的效果。

公共设施包括公共绿地、广场、道路和休憩空间的设施等。公共设施是指向大众敞开的，为多数民众服务的设施，不仅是公园绿地这些自然景观，还有城市的街道、广场、巷弄、庭院等设施。通过综合分析以上相关概念的要点，公共设施主要是面向社会大众开放的交通道路、文化设施、娱乐设施、商业设施、金融设施、体育设施、文化古迹等。

（二）公共设施设计的特点

1. 公共性

公共性可用共性、普遍意义、公共精神等词替换。"公共"一词，在英语中，主要是指"公众的""公共的""公开的""从事公共事务的"以及"从事社会服务的"等概念。其中，"公众的"是对社会的主体——"人"的总称或大众的指代；"公共的"则是指在社会权利和利益分配上的共有、共享关系；而"公开的"是指将某种事务、信息或观点公之于众，向大众开放。显然，公共设施中"公共"的意思不仅是公开和开放，还是面向公众、服务于公众的社会公众性。哈贝马斯将"公共"一词理解为"一种公民自由交流和开放性对话的过程，一种表达意见的公共权利的机制"。

公共设施处于开放性的、与环境交流密切的城市公共场所之中，因而它首先具有与公众亲和而积极对话的品性。公共设施所具有的公共性，决定了公共设施的内容、形式是为大众服务的，其与人的生活关系密切并具有一定的互动关系。公共设施的本质是亲民的，其为大众而作，谋求的是公众之利，从物质上和精神上都是以人为本，以人为核心，以人为归宿。总之，公共设施属于大众文化，它应该体现公共精神，适应大众审美需求，注重大众体验。基于此，便不难看出亲和互动、公众参与正是公共设施设计成败的关键之一。这里所说的亲和互动、公众参与具有两方面的含义。一方面，是要使公共设施设计融入公众的审美情感之中，令作品被公众接纳；另一方面，还要以公共设施设计本身积极向上的精神和生动活泼的审美意趣来参与公众的生活，从而感化公众，提高公众的审美情趣，最终通过公共设施设计真正地在环境与公众之间架起一座能相互融通的桥梁，建立相互之间亲和互动的融洽关系。

公共空间是一个敏感的空间，它的设计与管理应服务于使用者的需求。公共空间的设计既要考虑人衣食住行的自然属性，又要考虑人交往沟通、自我实现的社会属性，将全方位满足人的需求作为公共空间设计的原则。公共设施是城市景观中的重要元素，它具有公共空间的属性，不仅能够为人们提供社会生活的场所，而且能够以特有方式促进社会行为的发生，为城市带来无限魅力。虽然公共设施属于家具范畴，但由于其公共属性，呈现出不同于室内家具的特点。设计师在设计时，不仅要考虑公共设施如何体现城市文化、历史、艺术与社会公众的生活品位，关注人在公共空间的社会交往、交流信息、沟通情感、自我实现的社会属性，还要考虑城市家具如何与环境协调统一，以及怎样使用与维护室外材料。

综上所述，创造具有文化价值的生活环境，强调人的参与体验，强调人性空间是公共设施艺术设计的方向之所在。

公共设施的公共性不但体现在公众参与，还体现在公共合作和公共经营。由于社会公众对公共性重要作用的认识不断加深，公共设施的实施也表现出公共性的特点。虽然公共合作是指公共设施有着独立的设计原则，但设计者在公共设施的设计与实施过程中都或多或少地会与建筑师、空间设计师、社区规划师以及社区公民代表等进行一定的协作、商讨和审议。一系列公共设施设计的诞生往往需要市政管理部门负责人、城市规划师、景观设计师、建筑师、艺术家、市政工程师、社会团体、附近居民、旅游者等的协同合作。因此，现代公共设施作品有时甚至被称为"集体创作的艺术品"，它不仅是对社区或环境的改善，还是越来越将城市家具变成公共景观。公共经营是指当代公共设施的实施，不仅是政府、文化精英或专业艺术家单独决策和完成的事情，还是一种调动市民大众参与自身生活环境建设和社会公共生活的重要方式。由社会公共资金支付的项目从属于社会公众，而不是某一特定的人或组织。艺术品的征集、提案、审议、修改、制作及设立等实施过程，也往往由社会公众共同参与和进行民主决策，这也是公共设施公共性的一个重要内核。

2. 艺术性

艺术性往往带有很强烈的文化色彩。设计师把文化和艺术融合在一起，美的形式既可能取之于自然，又可能取之于现代的理性方式，但理性的方式必须具有一种视觉的冲击力。现代都市则更需要美的艺术，公共设施的审美角度不像建筑，其更多是人们在环境中感受的东西。

公共设施对于城市景观的构筑是必不可少的。它以一定的造型、色彩、质感与比例关系，运用象征、秩序、夸张等特有的手法作用于人们的心理，给予人们视觉上的快感。公共设施的设计中，应隐喻时代的精神与观念，传达当地的历史文化与民俗风情，与其他实体一起组成城市的形象，反映城市特有的风貌与色彩，同时体现出城市居民的精神文化素养。公共设施的公众性强调社会公众的共同分享，使人人有欣赏艺术、亲近艺术，甚至接触艺术的机会。公共设施的艺术性属于环境艺术的美学范畴，不能将其简单地解释为环境艺术观感和美观问题。如前所述，环境是我们居住、工作的物质环境，又以其艺术形象给人以精神上的感受。环境艺术设计必须具备一定的实用特征和精神特征，如绘画通过颜色和线条表现形象，音乐通过音阶和旋律表现形象。环境艺术形象的生成则是在材料和空间之中，具有它自身的形式美。公共设施的设计，必须遵循形式美的规律，在造型风格、色彩基调、材料质感、对比尺度等方面都应该富有个性。其中，色彩是公共设施最容易创造气氛和情感的要素，色彩应结合公共设施的使用性质、功能、所处的环境以及本身材料的特点进行整体设计。

3.开放性

随着国际化进程的推进，全球经济一体化架构也逐步建立，艺术设计理论及体系的发展变化强劲地冲击着公共艺术设计领域。设计师处于这种时代背景，其设计理念和思想意识相互交融、相互影响，呈现出一种开放的文化心态。设计师面对来自各个方面的挑战，吸收新的观念意识，不断更新自己的思维模式，在时代的变化中把握设计潮流和审美趋势，以保持旺盛的设计活力，与时俱进。在公共艺术设施的创作过程中，社会设计理念及运作机制的不断变化，势必会对设计主体提出更高的要求，使其提供高水平的设计、表现及制作等服务。这与时代发展相符的要求，成为设计师具备开放性的重要推动力。社会经济、价值观念、生活方式等不断变化，使公共艺术设计逐渐涉及心理学、行为学、符号学等一些学科领域，这些跨专业、跨学科的知识需求，迫使设计师不得不在已具备专业设计能力和理论素养的基础上，继续提升自身的综合素质，加强人文背景修养与知识积淀，构建一个适应时代特点的、开放的知识结构体系。

当代公共艺术设施的设计主体将是拥有全新观念的新一代设计师。一些有远见的设计师从只考虑局部或单一领域的艺术设计开始来参与城市整体规划和公共形象的构思，或自觉地与环境设计师、建筑师和规划师沟通，把公共艺术设计纳入与整个环境融合的创作中。环境设计领域中的雕塑家与景观设计师也扩大了自身的职业范围，开始涉足公共艺术设施的创作领域，以新的眼光设计城市景观与设施。一个具有多层面知识架构的现代设计师，对其从事的设计领域，均有很好的把握，不仅拥有较为全面的学术修养，还可以用理论指导设计实践，熟练地把握设计的固有规律，把自发的设计行为转化为自觉的创造性活动，设计出有价值的作品。

二、公共设施设计的形成与发展

公共设施与城市的发展息息相关，城市发展史可以看作公共设施的发展史，随着城市的发展，公共设施设计也随之发展。

（一）国外公共设施设计

古代祭天公共场所的设施可视为最早的公共设施，像古罗马时期的城市排水系统、奥林匹克竞技场都属于古代的公共设施。考古学家在庞贝城遗址发现的古罗马时期的城堡就是以环境设施为主的景观设计，园内有藤萝架、凉亭，沿墙设座椅，以水渠、草地、花池、雕塑为主体对称布置。后来随着城市的发展，现代意义的城市兴起，公共设施也变得更加普及。公元9世纪，科尔多瓦在街道两旁普遍设置了街灯；意大利文艺复兴时期，出现了以城市为中心的商业城邦。"人性的解放"结合对古希腊 – 罗马灿烂文化的重新认识，形成了意大利文艺复兴的高潮。17世纪，意大利的环境设施传入法国，以凡尔赛宫为中心的林荫大道配置无数的水池、喷泉、雕塑及绿篱，呈对称的几何形式布置，并把植物修剪成各种动物及几何形体。18世纪末，随着法国大革命进程的加快，城市和街道成为人们日常生活的一个"剧场"。在法国，拿破仑三世委任奥斯曼男爵进行巴黎的现代化城市改造。奥斯曼男爵对巴黎施行了一次"大手术"——拆除城墙，建造新的环城路，在旧城区里规划许多宽阔笔直的大道，建造新的林荫道、公园、广场、住宅区，督造了巴黎歌剧院。除此之外，他还在街道两旁种植行道树，美化了街道，并安装路灯、座椅和其他的路边公共设施。

19世纪末至20世纪中叶，都市街道是为汽车服务的，不断拓宽的车道、不断延伸的高架桥，使人们的活动空间越来越小。20世纪70年代后，随着发达国家由工业化社会向信息化社会转变，现代城市的开放空间在适应人类行为、情感、环境等方面的缺陷日益显现。人们逐渐认识到城市开放空间要适应人类行为、情感的人文化、连续化发展，城市中为人服务的设计观念开始兴起，城市规划与设计专家提议将汽车赶出市中心，把城市中供人们活动的公共空间归还给人们。至此，城市空间职能的转变又一次带动了公共设施的现代化发展。

（二）国内公共设施设计

中国古代的石牌坊、牌楼、拴马桩、下马石、石狮、灯笼及水井等反映了古代人们的生活需要。宋代画家张择端的现实主义长卷作品《清明上河图》，真实描绘了北宋时期京都汴梁集市的繁荣景象，画面展示了当时店铺、街道中各种古人日常所需的设施。

在中国古代传统的城市景观和环境设施中，墙体、道路、门阙作为突出空间层次和轴线对称格局的主要手段，其相关的附属设施也不断发展，如照壁、石狮、华表，其构件和装修也有着严明的等级规定。桥和墙是中国古代城市空间中横向和纵向的地标，是古人智慧的结晶，是城市建设与历史的见证。中国的园林，作为一个独立发展体系，有着丰富的内容，是中国传统美学观念和人类思想感情的汇聚。彼时，设计工匠在山、水、树、石、屋、路及其附设建筑小品的配置、空间组织、意境的处理等方面都达到了很高的水平。

近年来，我国城市建设的速度加快，城市面貌可谓日新月异，街道不断拓宽改造，老城区不断演变，现代化城市已初现端倪。城市的交通、水电、绿地、公园、体育场馆等公共设施日趋齐备。雕塑、景观小品、壁画、喷泉等也成为城市公共设施中必不可少的元素，这些公共设施不断美化着我们的城市环境。随着城市化进程的加快，公共设施建设有了一定改观。公共设施设计越来越注重人性化，以满足不同用户群体的需求。设计师们通过深入了解用户的行为习惯、心理需求以及生理特点，设计出更加符合人体工程学、更加舒适便捷的公共设施。例如，公园中的休闲座椅会考虑座椅的高度、宽度、倾斜角度等因素，以确保用户能够舒适地坐卧；公共交通站点会设置清晰的指示标识和便捷的购票设施，以方便乘客快速准确地找到乘车信息。随着科技的进步，公共设施设计也开始融入智能化元素。例如，一些城市的公共自行车租赁系统已经实现了智能化管理，用户可以通过手机 APP 轻松完成租车、还车等操作；一些公共场所的照明系统也采用了智能感应技术，能够根据环境光线自动调节亮度，既节能又环保。绿色设计是当前公共设施设计的重要趋势之一。绿色设计注重环境保护和可持续发展，旨在通过设计减少对环境的影响和资源的消耗。在公共设施设计中，绿色设计主要体现在材料选择、能源利用、废弃物处理等方面。例如，设计师们会选择环保、可再生的材料来制作公共设施，以减少对自然资源的消耗；同时，还会采用节能技术来降低公共设施的能耗，如太阳能照明、雨水收集利用等。

（三）公共设施设计的发展趋势

21 世纪，伴随着人类社会信息化进程的不断加快，休闲经济将成为社会的主导经济。人们对于体验与互动的要求逐渐增强，而公共设施就是要满足人们的需求。

1. 智能化、信息化的发展趋势

现代公共设施是一个综合的、整体的有机概念。它不仅仅有实用或装饰两大功能，而且公共设施的设计是伴随着一场场的技术变革不断发展的。技术生产方式的进步使人类原来不可能实现的设想成为可能。在信息时代，信息资源在人们的生活中起到了至关重要的作用。因此，仅仅把公共设施作为城市必备的硬件来处理是远远不够的，在未来的设计中，人们应该更多注重软件的应用。

在当代信息社会高度发达的技术支持下，每天的生活都在发生着巨大变化的我们，对于出行的要求，更多时候已经不可能再像过去一样，仅仅依靠记忆来到达目的地。而且交通工具技术的进步，使人类可以用很低的成本在很短的时间内跨越大洋到达不同的国家。未来随着经济、文化交流的进一步开展，我国与不同国家的交流也将不断深入。我们出行的时候，对于在完全陌生的环境中，如何简单地获得指示信息也是必须探讨的一个问题。仅仅凭借传统的以形象传达为目的的视觉识别系统，很难为来自不同国家的人提供指示信息。为解决这一问题，设计师可以考虑在城市街道上设计一些定位导航设施。虽然现代城市在一些公交站牌上配置了地图和车站线路，但是在许多方面的指示并不是

很明确。而且对于国外旅游者来说，语言文字不同，信息也无法识别。因此，拆除不合理的标识牌，设计电子定位导航设施是公共设施的发展趋势。这一设施不仅能够满足城市居民的生活需求，而且能够美化城市环境，提高城市品位，给世界友人留下美好的印象。

计算机技术及网络技术的发展使自动系统兴起，一些公共设施单一不变的功能识别已被可以触摸选择的电脑智能化的咨询库替代。例如，银行的自助服务终端。过去，银行的业务办理主要依赖人工柜台，客户需要排队等待并与柜员进行面对面的交流。然而，随着计算机技术和网络技术的发展，银行的自助服务终端应运而生。自助服务终端通常配备有触摸屏和智能化的咨询库，客户可以通过触摸屏幕选择所需的服务，如查询账户余额、转账、缴纳水电费等，自助服务终端不仅提供了更加便捷和高效的服务，还减轻了银行柜员的工作压力，提高了整体服务效率。

2. 人性化的发展趋势

城市中的公共设施具备服务人们的工作、生活和供人们欣赏的双重功能，不仅能够方便人们使用，还能够美化城市。人是城市环境的主体，因而城市中公共设施的设计应以人为本，应注重对人的关注，加强以人为本的意识，尊重人们的行为方式。所谓人性化设计是指在符合人们物质需求的基础上，强调精神与情感需求的设计。人性化设计综合了设计的安全性与社会性，注重内环境的扩展和深化，真正做到了以人为本。从为社会公众服务这一功能出发，设计者需要设身处地为人们创造美好舒适的环境空间，因此公共设施的设计者也需加强对人体工程学、环境心理学、审美心理学等方面的研究，如果设计者把这些元素融入设计理念，无疑会为公共设施的设计带来意想不到的效果。

公共设施的人性化设计主要体现在以下三个方面：一是满足人们的日常需求与使用的安全；二是功能明确、方便，符合人体工程学要求；三是对自然生态的保护和社会可持续发展。从使用者的需求出发，为使用者提供有效的服务，将是今后公共设施设计的发展方向之一。

我国最先进的火车站自动售票机就有下列几种功能。

（1）购票与取票。旅客可以通过自动售票机轻松购买火车票，选择出发地、目的地、乘车日期、席别和票种等，使用现金、支付宝、微信、银行卡等多种支付方式完成购票。同时，对于已经通过网站或 APP 购票的旅客，也可以在自动售票机上凭购票时所使用的居民身份证原件，按提示操作，换取纸质车票。

（2）退票与改签。自动售票机支持电子客票的退票和改签业务。旅客只需按照屏幕提示，刷身份证并选择相应的退票或改签选项，即可完成操作。

（3）打印行程信息提示与报销凭证。自动售票机可以打印行程信息提示，上面包含检票口、车次、座位号等信息（注意，行程信息提示不能作为乘车凭证使用）。

（4）优惠资质绑定与查询。对于需要享受优惠政策的旅客，如学生，自动售票机支持优惠资质绑定业务。旅客只需携带学生证优惠卡和本人身份证，在自动售票机上即可完成绑定。此外，还可以查询本学年已经使用的优惠乘车次数等信息。

（5）面部识别购票。部分先进的火车站自动售票机已经支持面部识别技术，旅客只需站在机器前，系统就能迅速识别身份并获取车票，彻底摆脱了纸质票的束缚。

在预订火车票完成后，为了方便人们坐火车，火车站及周边通常配备了一系列公共设施。例如，候车大厅设有休息区、餐饮服务和卫生间等设施，为旅客提供舒适的候车环境。休息区通常配备座椅、空调、电视等，方便旅客休息和娱乐。此外，火车站设有重点旅客候车区、哺乳室等特殊区域，为老、幼、病、残、孕等重点旅客提供专门的服务。铁路部门还开设了特殊重点旅客线上预约渠道，为旅客提供优先安检、优先验证、优先检票等便利服务。

此外，现代公共设施设计还应考虑本地区的气候、风土人情、人的生活习惯等要素。公共设施的设计、施工和使用反映一座城市的文化基础、管理水准以及市民的文化修养。公共设施的设计不能停留在表面层次上，而是要包含在文化形象中，更需要与时代发展相适应，要运用高技术，注入情感因素，进行高品质、高层次的设计与运用。时代的发展给公共设施提出了更专业、更细化的要求，这就要求我们的设计师们，要更好地结合环境功能要求，发挥自己的创造力，设计出更多更好的公共设施产品，服务社会，便利人们的公共生活。

公共设施的人性化设计对设计师的要求有三点：第一，要求设计师具有人文情怀，能够自觉关注在以前的设计过程中被忽略的因素，能关注社会弱势群体的需要，关注残疾人的需要等；第二，要求设计师熟练掌握人机工程学等理论知识并能运用到实践中去，体现设施功能的科学性与合理性；第三，要求设计师具有一定的美学知识，具有审美的眼光，通过调动造型、色彩、材料、工艺、装饰、图案等审美因素，进行创意构思，优化方案，使设计出的公共设施充分满足人们的审美需求。

3.生态化的发展趋势

自然生态环境是人们赖以生存的基础。受噪声、交通拥挤、污染等城市问题的影响，人类的生存受到威胁，因此，不滥用资源、不破坏环境的观念，以及建立一种生态型的城市景观已成为人们的共识。公共设施的生态化设计主要是指在原材料获取、生产、运输、使用和处置等整个生命周期中要密切考虑生态、人类健康以及安全问题。具体而言，就是应该选择对环境影响小的原材料，优化加工制造技术，减少原材料制造阶段的环境影响，优化产品使用寿命及产品的报废系统。例如，我国上海、重庆等地的设计师在公共设施的设计上采用和自然相通的材料，使公共设施的质感与自然相融合。这种取于自然、归于自然的设计手法，使公共设施充满活力。

以重庆为例，公共设施设计中最常见的材料有竹材、木材、青石板等。它们之所以会成为公共设施的材料，和当地的地理环境、气候条件密不可分。竹材、木材属于轻质材料，能够方便人们在坡地上建造居室。过于潮湿的气候会影响地基的牢固度，因此采用青石板可有效地消除这些安全隐患。从经济的角度来讲，竹材、木材在潮湿的环境下容易损坏，但是两种材料在重庆都非常丰富，而且设施构件都可以灵活拆卸，因此不管是人力还是财力都不会消耗过多。除此之外，在重庆公共设施的设计中，设计师大量采用竹材、木材、青石板也达到了体现地域特色的目的。因为这些材料的意义已经不仅仅在于其本身，还因为它们已经成为重庆建筑文化的一个重要组成部分。例如，连接重庆上半城和下半城的皇冠大扶梯，内部结构均采用木材，是一种极具重庆特色的

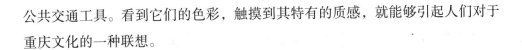

公共交通工具。看到它们的色彩，触摸到其特有的质感，就能够引起人们对于重庆文化的一种联想。

三、公共设施设计的功能与形式

（一）公共设施设计的功能

城市是由住房、公园、景观、交通工具等很多元素组成的。这些都属于城市的公共设施，城市的公共设施作为城市不可缺少的元素，组成城市的形态。这些不同元素的集群，构成不同城市各自不同的特点。在城市形态中，这些元素并非仅仅为自身而存在，作为城市的器官，它们互相依靠维持着城市的生命。其中，公共设施在城市建设和发展中不仅扮演着维持城市生命的角色，还吸引着人们，成为城市的建设者。作为城市家具的公共设施不仅要解决功能的问题，为人们创造舒适的环境，而且还要激发、引导城市形态的发展。处于城市环境的公共设施不应该仅仅成为单一的应用产品，还应该起到促进社会发展的作用。随着交往和休闲空间的增加，城市建筑内部必须能容纳多样化的活动，这些活动包含休闲、社交、购物等。事实上，发展公共设施领域已经成为许多国家城市开发项目的设计原则，也被认为是当代建筑师应该承担的社会责任。公共设施的功能主要体现在以下五个方面。

1.使用功能

如果设计师不了解使用者在公共场所的基本需求及公共设施在环境中的作用，便谈不上优化环境，更谈不上体现公共设施的功能。为人们的户外活动提供便利，首要的就是卫生与休息服务设施的设计。户外的公共环境与室内环境不同，它属于大众的环境。人们各种行为方式的差异，要求环境设施应具有公共环境功能以及空间需求。老人、儿童、青年、残疾人有他们不同的行为方式与心理状况，必须对他们的活动特性加以调查研究，才能使公共设施的相关功能得以充分体现。在对步行街、居民区或公园内的垃圾箱进行设计时，设计师应根据人们一定时间内倒放垃圾的次数、多少，倒放的垃圾种类与清洁工清除垃圾的次数等来决定其容量与造型。同时，设计师还要考虑垃圾箱的放置地点，以便使垃圾箱更好地满足人们的使用需求。如果公共设施缺乏人性化设计，缺乏对功能的研究，便会出现种种不协调的现象，如城市广场只追求景观效应，种植大面积草坪，缺少树木绿荫，缺乏生态效应，路人在烈日下行色匆匆，更谈不上休闲观赏。公共场所缺少公共厕所，行人为"方便"而四处寻找。女厕中厕位的不足，导致出现排长队等候的现象。吸烟的人由于没有烟灰缸而乱扔烟头，造成对环境的污染……没有人性化的设计，就谈不上提高大众的公共生活质量，公共设施的使用功能更多是通过人性化的设计予以实现的。

2.美化功能

美化功能在公共设施的设计中占有重要的地位，情与景的交融，能够让使用者在使用公共设施的过程中得到美的享受。公共设施在服务人、满足人需求的同时还应取悦于人，公共设施的造型在不同的文化背景中具有不同的象征意义，能够表现不同的情调，常与人们的审美心理产生对应的关系。公共设施要以美的视觉效应陶冶人们的情操，在给人带来愉悦的同时，还要为人们营造充满人情味的情感空间。环境设施的美还体现在对细节的处理上，如融于环境的廊道棚架，一改直线型的布局，采用弧线的形态，独特的设计给人带来视觉的愉悦。各种人工设施与自然景观的有机结合，消除了它们之间的不协调，使环境空间更增添艺术美的氛围。这种美化功能同时肩负着美学的大众普及职能，会长期影响和作用于社会。

3.色彩功能

公共空间的色彩通常都是以大块的同类色出现。例如，大片的绿地配上各种绿植，通常以大面积的同类色出现，给人以空间的无限延伸的感觉，却缺少点缀的色彩。这时，公共设施可以对应环境的要求进行色彩的搭配与协调，使空间色彩更加丰富。

4.呼应功能

在我们生存的空间中，不管自然景观还是人造建筑，都以其独特的造型形式存在，通常具有固定性。公共设施却形式多样，可以根据不同的场合进行不同的设计，弥补空间的不足，丰富空间的层次。例如，在大型广场中，只有草坪、人行道等大块的空间是不能满足人的休闲需求的，要有配套的休息设施和照明音响设施与之配合，才能给去广场休息放松的人们提供全方位的服务。同时，小的设施也和大的广场分区相呼应，既能起到联结空间的作用，又可以装饰空间。

5.文化功能

不同的地方有不同的文化特色，而不同的文化特色通常可以从建筑及其他建筑附属物中体现。例如，城市中的大型广场、路灯、城市雕塑、广告牌、候车厅、休息廊等都通过自身的设计体现出一定的文化韵味。文化是历史的传承，蕴涵在时代的发展中，融汇在人们的思想里。文化的发展推动了历史的发展，文化具有时代性和地域性，公共设施作为一种文化的载体，记录了历史，传承了文化。东方与西方存在着文化差异，城市与农村的生活方式也存在着差异，不同的生活方式体现着不同地域的文化，并表现为人们不同的生活习惯。而为人们社会生活服务的公共设施自然就会受这些不同生活方式的影响。例如，在上海这样的经济型大都市中，人们工作和生活的节奏都非常快，需要公共设施为他们提供便捷而舒适的服务。而像北京这样的文化型城市，公共设施的设计应与周围的环境相协调。在满足功能的同时，要处处体现文化的内涵，让人们时常受到文化的熏陶。设计师在对公共设施进行造型和色彩设计的过程中要充分考虑这些地域文化的差异因素，这样才能设计符合各地传统特色的人性化设施，才能使公共设施和环境融为一体，才能使公共设施的设计体现出人性化并受到人们的喜爱。

（二）公共设施设计的形式

1.形态构成要素

形态构成要素有三个：点、线、面。

（1）点。点是所有要素的原生，在三维空间中，它表示的是一个位置。不论是设施放置在环境中，还是设施本身上的点，在一定比例条件下，只要是起到点的作用的设施形态，我们都称之为点。在环境空间中或物体形态构成中，点表现为：一个范围的中心，一条线的两端，两条线的交点，面或体的角的线条相交处。

点在空间布局或在物体中的位置不同，人们就会在视觉和意识方面有不同的感受。点的组合排列方式有焦点、间隔变异、大小变异、紧散调节、图形形状等，我们可以依据形式美的法则，结合这些排列方式进行更完美的设计。法国巴黎凯旋门是具有景观作用的纪念性设施，它在空间环境中就是起到了点的作用。

（2）线。线是点运动的轨迹，在造型设计中，线有粗细、形状等形式。线的特征取决于它的长宽比、轮廓以及连续方式等。它在视觉形态构成中表现为：连接、分割、轴线、包围及交叉。线的形状分为几何线、自然线，几何线分为直线和曲线，自然线有自然折线和自然曲线。

直线通常给人以刚劲、简明、稳定等感受，设计师在进行形态造型设计时，若想突出表现强劲的力量和方向感，就可以巧妙地利用直线造型元素。曲线具有柔和、丰满、轻松、动感、流畅等感知效果。设计师在造型设计中，若要表现柔和、动感等效果，就可以进行曲线元素的应用。同时，也可以应用直线与曲线结合的设计手法，两者不同比重的造型设计，会展现出更具有变化的独特效果。例如，喷泉景观前的一组栅栏设计，主要造型构成要素为曲线，体现出一种亲和力，其有流畅的动感，与水体所展示出的形式一致。

（3）面。面是直线在二次元空间运动或扩展的轨迹，一个面有长度和宽度而没有深度。我们对面的视觉辨认是形状，根据形状，面可以分为平面和曲面。面可以限定物体的体积界限，面的属性不同也会影响到它的视觉效果。

①平面：平行面、垂直面、倾斜面。

②曲面：几何曲面、任意曲面。

平面通常会给人稳定、平静的感知效果，还具有方向引导性；曲面具有流动、自由等特点。在现代的公共设施设计中，曲面的应用越来越多，在公共设施造型中，面通常表现为一个侧面或形体的一个单元。除单体局部造型处理以外，它还应用于地面铺装、路灯排列、拦阻形式。例如，庭院内的铺装组成由完全规则的平面构成，体现出严密的秩序感。

2.形式美法则

形式美法则对于公共设施设计的作用体现在公共设施的内容、数量、间距、尺度、高度、位置、组合方式等共同参与形态设计表现的因素上。

（1）内容。设施本身由点、线、面的内容集聚组成，而这些构成要素又都具有不同的形态内容。

①直线与曲线等同系同类的造型元素构成方式。

②直线与曲线、平面与曲面等同系不同类的造型元素构成方式。

③直线与平面、曲线与球体等不同系同类的造型元素构成方式。

④直线与球体、曲线与平面等不同系不同类的造型元素构成方式。

（2）数量。一个存在的公共设施本身的形态就能反映出它的造型特征，而在一定的环境范围之内，随着单体公共设施数量的增加，群体的形态特征就盖过了它本身的特征。也就是说，数量能够影响设施本身的形态，也能够影响它所在环境的空间形态。例如，一个公共座椅放置在一个广场中和一组公共座椅放置在广场中的一个区域，这两种形态特征所表示的内容不同，设计师要认真体会数量在设施设计方面的作用。

（3）间距。间距是指在特定的环境空间中，设施或者构成部分的相对位置距离。设施不同部分的间距过小就呈现出归属性，间距过大就强调了各自的独立性，最佳的间距应根据设施的特点、环境性质和人的使用要求来确定。

（4）尺度。尺度是一个具有特性的物体本身与环境空间所呈现出的合适比例的关系特性。物体本身的造型并没有尺度，但当它处在一个空间环境中的时候，就呈现出尺度的标准，这个尺度标准以人的正常活动范围和心理度量为依据。有些设计师有时很容易将尺度的概念仅仅理解为物体造型的大小，而这里要强调的是它与环境的大小比例关系，设计师在进行设施的造型设计时要注意尺度概念。

（5）高度。高度是指物体或物体的造型要素在环境空间中相对于地平面、人体、周围环境等的高度。公共设施设计的本身作用体现在公众如何使用，这就要以人为设计依据，公共设施放置在一个特定的公共环境中，它与环境的组合关系要以人的视觉审美和心理感受为设计依据。在城市环境中，小范围之内物体与物体之间的相对高度要依据旁边的参照物来进行比较；大范围之内物体间的相对高度变化要加入透视因素，以取得特别的空间形态和艺术效果。

（6）位置。位置是指在具有限制性的一个空间范围内，物体或物体构成要素与地面（墙面）的关系特征。这一要素主要由公共设施在场所中的地点确定，依据场地功能、形状、围合程度、空间特征，来选择设施应放置的合适位置。选择位置的方法对于设施在场所中实现真正的使用价值和审美价值都有很大的影响。

（7）组合方式。组合方式指物体或物体构成的元素以造型要素形式进行的组合。组合的方式和内容的不同，体现出的空间形态也不同，有同系要素组合、异系要素组合、多异系要素组合。

①同系要素组合。同系要素组合包括点的串联、辐射、向心、组团、叠加等，直线的排列、格网、聚集、辐射、交叉等，平面的穿插、围合、相交、叠加、排列等。

②异系要素组合。异系要素组合包括点与线的聚合、接续，线与面、面与体、线与体之间的距离、接触、交叉等。

③多异系要素组合。多异系要素组合是指多种系类各不相同的要素组合，如线、面和体的结合等。

四、公共设施设计的五个基本原则

公共设施是在公共场所服务于社会大众的设备或物件，是现代化城市的重要组成部分，起着协调人与城市环境关系的作用，是城市形象、管理质量以及生活质量的重要体现，是现代人精神生活提高的重要标志之一。随着人们生活水平的提高，公共设施正朝着多元化的方向发展，设计师如何才能创造出符合现代生活需求的公共设施，使之与现代化的大都市相协调，使现代人的生活更加便捷，公共设施的设计原则将是至关重要的因素。

（一）功能性原则

公共设施要便于识别、便于操作、便于清洁，公共设施要具有鲜明的可识别性和可操作性。便于识别表现在识别系统设计的标准化、形象化、国际化和个性化，强调整体性，公共设施向公众传达内容时要迅速、直观而准确。便于操作要求公共设施的设计要尺度合理、结构简易、操作简单。例如，垃圾桶的开口大小、高低，直接影响垃圾的投掷。可回收与不可回收垃圾桶的图标要通俗、形象，这样垃圾分类工作才更容易推广实施。便于清洁就是指公共设施的设计不能只图美观而不顾卫生，公共设施只有保持干净，利用率才能提高。功能性原则是公共设施设计的基本要求，它能让使用者在与公共设施进行全方位的接触时得到精神和物质的双重享受。

（二）人性化原则

在被杂乱无章的环境与节奏紧张的生活所拖累的今天，人们对人性化的公共设施设计有迫切的需求。人性化的公共设施设计是超越人体工程学、尺度和舒适度等一般意义，超越设计流派、审美意识的综合设计理念，是一种更贴近人性需求，更注重情感的设计。公共设施设计的人性化表现在对公众普遍需求和差异需求两方面的同时满足，尤其关注社会弱势群体的需要，实现公共设施的物质功能，建立人与公共设施之间的和谐关系。人性化原则是公共设施设计的根本原则，是公共设施的最高价值体现。例如，日本东京街头公共电话亭的设计，电话的位置距离地面约 50 厘米，这个高度是专门为残疾人设计的，而正常人在使用上也不成问题。实现公共设施的人性化并不难，它并不要求设计人员解决大的技术难题或政府实施较大的财力投入，而只需要对公众多一点关注，多一点细致、周到，给人们的生活带来便捷，在满足人们社会需求的同时，使人们在使用中下意识地感受到舒适自在。

（三）环境协调性原则

公共设施是城市环境的一部分，它不是孤立于环境而存在的，也不同于单纯的产品设计。公共设施呈现给人的是它和特定环境相互渗透的结果。设计师在设计时要考虑其与环境的相融性，即充分考虑其所处的各方面环境因素并与之相协调，使公共设施设计营造和谐统一的城市环境，体现城市特有的人文精神与艺术内涵。

环境协调性的原则表现在两方面。一是自然环境协调性，公共设施的设计应考虑自然环境，注意公共设施与自然环境的和谐统一。在干燥寒冷的气候环境中，公共设施在材料的选择上应以质感温暖的木材为主。在温热多雨的气候环境中，选材要注意防锈，多运用塑料或不锈钢制品，色彩要以亮调为主。自然景点的公共设施在设计时要巧妙地融入环境，与自然环境的风格协调一致。二是人文环境协调性，每个城市都有独特的传统文化，这些传统文化是历史的积淀和人们智慧的结晶。人文环境协调性要求公共设施在设计时要充分体现城市的文化特征，符合当地的民众心理，提炼出富有特色的形态、色彩、文化符号，使公共设施与人文环境协调一致。公共设施作为城市文化的一种载体，传递着城市的文化特色和人文精神。

（四）系统性原则

世界是物质的，物质世界是系统的，公共设施是构成现代化城市硬件的组成部分，是城市环境系统中的一个环节，表现在公共设施建设、管理和工业化生产方式的系统化上。公共设施建设的系统化是城市系统建设的一部分，公共设施建设有专门的建设部门，在建设时要与整个城市同步，设计应纳入城市建设的系统规划。清洁、维修、维护等日常管理也是一个系统化的过程，这一过程要求各管理职能部门分工明确、责任到位，统一制定系统化的管理政策，各部门之间还要加强合作，进行统一的管理，以提高城市的管理效率和水平。公共设施的建设对任何城市来说都是沉重的财政负担，小规模生产、非标准化，加重了维护管理的难度，而系统化工业生产方式是降低公共设施成本、提高质量、便于维修的有效途径。因此，设计师在进行公共设施的设计时要着重考虑尺度的标准化、结构的相似性、构件的通用性和互换性，要能够通过有限的标准化构件单元，按不同的组合方式构成不同的公共设施。公共设施设计的系统化原则是环境协调性原则的基础，它不仅能有效地服务公众，降低建设成本，发挥最佳的综合效益，还能增强美感，塑造城市的完美形象。

（五）独特性原则

有些学者不将公共设施划归到工业设计的范畴，其主要原因在于工业设计具有机械化、大批量生产的特征，而公共设施设计往往采用专项设计、小批量生产的特点。这与环境设计的特征具有相似之处，因而现今社会较多地将公共设施设计视为环境设计的延续。事实上，随着当代加工工艺与生产技术的进步，早期工业设计的大批量生产正在向人性化、个性化的小批量生产转移。设计师已经把人与环境的因素摆在了突出重要的位置予以考虑，这一点与公共设施设计的基本特点是一致的。而公共设施设计的独特性就在于，设计者应根据其所处的文化背景、地域环境、城市规模等因素的差异，对相同的设施提供不同的解决方案，使公共设施更好地与环境场所相融合。

目前，我国正处于城市环境的建设阶段，随着大规模城市建设的展开，公共设施必将扮演城市的重要角色，越来越受到社会的普遍关注。以上述五个原则为指导的公共设施设计，对创造适宜的公共设施形象、营造良好的城市氛围具有极大的促进作用。完善的公共设施和人性化的设计为城市带来了前所未有的秩序感，规范了人们在公共空间中的行为习惯，使人们的生活变得温馨惬意。

第二节　地域文化与公共设施关系

一、公共设施设计与地域文化的辩证关系

公共设施设计与地域文化之间是辩证统一的关系，两者相互依存、相互渗透并相互影响，公共设施是城市发展和传承文化特色的主要媒介，城市地域文化是公共设施设计的重要保障和设计源泉。公共设施能促进城市的快速发展，对城市形象的塑造具有决定性作用。城市地域文化对公共空间建设的影响非常大，而公共设施又是城市空间建设中的重要组成部分，换句话说，城市地域文化对公共设施设计的影响程度是不可估量的。只有它们相互作用、相互制约，才能营造出舒适的、使人放松的城市氛围。

在进行公共设施设计前，设计师首先要对城市区域文化、历史文化等方面做深入的了解、分析，通过提炼、处理、再设计等手段，对城市特色文化元素进行再创作，并将其应用于公共设施设计中，使设计出来的公共设施不仅能体现出一座城市的文化内涵、文化品质以及人们的生活质量，还能对城市品位和城市氛围的营造发挥重要作用。从城市整体形象角度看，具有个性的公共设施设计是城市发展的重要标志，对城市特色以及城市形象的树立有着巨大的推动作用。可见，公共设施设计在城市建设中的地位是不可取代的，它是展现城市特色和城市文化的重要手段，是人们精神状态和文化修养的间接体现。

二、地域文化是公共设施设计的源泉

地域文化是公共设施设计的源泉，丰富着城市的设计语言。地域文化对公

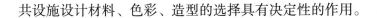

共设施设计材料、色彩、造型的选择具有决定性的作用。

（一）地域文化决定公共设施设计材料的选择

一个地区的地域文化是由该地区的城市历史、城市文化、城市居民的生活习惯以及自然环境、人文要素等相互作用、长期发展而形成的。城市地域文化在城市空间范围内因受到不同因素的影响和制约会呈现出不同的特色风格，主要表现在两个方面：第一，我国是一个多民族的国家，各民族由于民族特色、民族风情、生活习惯的不同而产生了不同的文化，这是导致地域文化不同的因素之一；第二，由于我国南北方气候条件差异比较大，同样对城市地域文化有一定影响，这也是导致地域文化不同的因素之一。

城市的发展是人们通过不同的介质作用于社会而完成的。唯物辩证法认为，任何事物的发展都是前进性与曲折性的统一，事物发展的前进性主要体现在顺应自然发展规律，事物发展的曲折性主要体现在违背自然发展规律。当然，地域文化和公共设施设计的发展也不例外。公共设施在材料的选择上应该顺应自然、尊重自然。换言之，公共设施设计应适应城市的地域文化特色。我国国土面积辽阔，由南至北有四种主要气候特征，秦岭－淮河一线是我国南方和北方的地理界线。我国南方主要地处亚热带地区，以亚热带季风气候为主，常年降雨量丰富，所以在公共设施设计的材料选择上应该适应当地的自然气候特征，采用防潮、防水的材料，如陶瓷、不锈钢、塑料制品等。苏州街头垃圾桶的设计所用的材料是不锈钢的，垃圾桶的设计是从苏州传统窗格元素中汲取灵感，主体为白色，体现了苏州地区的建筑风格特点。赣州某小区的多向导示牌，运用金属烤漆和不锈钢材料制成，不仅符合该地区的自然气候特征，还符合城市的特色文化发展需求。

而我国北方地处温带，以温带大陆性气候为主，这种气候的特点是冬季寒冷干燥，夏季炎热多雨。因此，防寒抗冻且质地温和的木质材料就被视为公共设施设计的首选材料，这种材料可以满足人们在寒冷冬季的需求。

此外，地域文化受不同的自然要素，如地形、地貌、气温、水源的影响，也会导致公共设施在材料选择上存在一定的差异性。不同的自然要素导致城市植被不同，所以材料分布情况也就不尽相同，将具有地方特色的材料应用于公共设施设计，既可突出地方特色的自然属性，又可以展现公共设施所在地的地域特性。例如，南方多盛产竹子，竹子这种资源就被应用在当地的公共设施设计中。像竹制垃圾桶、竹制亭子、竹制公共座椅等公共设施，无不体现这一点。在这些公共设施中，城市的地域特色表现得非常明显。

其他类似的自然资源还有石头、木材资源等，如云南大理古城盛产大理石，所以云南大理古城地区的公共设施，像城市座椅、城市公共凉亭、城市雕塑等多以大理石为主要设计材料。这不仅体现了大理的城市特色，还对城市起到了极大的宣传作用。如果能把这样具有地域性的自然资源合理地运用于公共设施设计，设计出来的公共设施将可能成为典范之作，这就是为什么地域文化对公共设施设计材料的选择起决定性作用。

（二）地域文化决定公共设施设计色彩的选择

我国东西南北所跨经纬度之大，使我国拥有了不同的气候特征，加之各地区地势、地貌的不同，造就了不同的自然文化特色。地域文化不仅决定着公共设施材料的选择，还决定着公共设施色彩的选择。地域文化中自然要素的不同直接导致公共设施设计色彩选择的不同。就地区而言，我国南方地区居民的生活比较细腻，整体色调较为素静，给人以一种宁静之感，有着越临近江南越多女性风韵的说法。同样是粉墙黛瓦，安徽的建筑清丽素雅，其屋檐长短不一、横竖交错，给人以充满幻想的感觉。江浙一带的建筑却表现出娴雅秀逸的感觉。不难发现，南方城市的公共设施在色彩方面主要选择相对朴素、淡雅、别致的颜色，这种公共设施设计的色彩与整体的南方气候特征相适应。而北方公共设施设计的色彩却是另一番景色，在色彩的选择上倾向纯度、明度、亮度偏高的颜色，反映了北方人豪放、淳朴的民风。可见，地域文化对公共设施设计色彩的选择具有重要的作用。

（三）地域文化决定公共设施设计造型的选择

公共设施设计的地域文化性是其特殊属性。一座城市的特色文化对该城市政治、经济的发展有着举足轻重的作用。如果这个城市的公共设施设计脱离了该城市的地域文化，就会使城市缺乏个性，没有吸引力，还可能会导致公共设施设计"千城一面"的尴尬局面。由于我国各民族的风俗习惯、城市历史文化、人民生活习惯不同，因此各地区对公共设施的设计需求也不相同。在生活节奏较快的上海、深圳等国际大都市，由于当地的经济发展迅速，人们的大脑每天都处于高速运转状态，来自物质方面和精神方面的压力长时间围绕在人们周围，所以简洁的、舒适的、色调欢快的公共设施则是处于这种环境下的人们所迫切需求的。对于古都西安来讲，设计师在进行公共设施设计时应特别注重将传统地域特色文化元素融入其中。西安大雁塔广场上带有祥龙的路灯设计，将唐朝时的设计风格应用其中，整个造型是吉祥龙腾，灯柱上采用了唐朝乐器中经常出现的彩绘图案，体现了唐朝时的文化与当地戏曲秦腔文化艺术的融合。西安大雁塔广场上的皮影亭，其造型灵感是将西安民俗文化皮影艺术直接地展现在人们的生活环境中，是特色文化元素的文化性、区域性和公共设施的功能性、美观性相互结合的完美体现。具有浓厚文化底蕴的北京前门是北京重要历史街区的代表，特别是前门大街重新修复以来，设计师将具有北京传统特色的文化应用到前门大街的公共设施设计上，拨浪鼓路灯、鸟笼路灯、铜鼓垃圾桶，还有与之对应的古香古色的花钵等景观小品及青白石路面，都再现了前门大街辉煌的历史文化风貌，将"京味儿"表达得更加突出，凸显了北京的历史文化特色，增添了前门的古韵魅力。不难发现，具有不同特征的城市地域文化将间接影响公共设施不同造型、不同形式的设计。

三、公共设施是传承地域文化的使者

（一）公共设施对地域建筑文化元素的传承

公共设施设计是城市发展及衡量城市居民生活水平的重要标志。地域文化是城市空间内与人相关的各种自然要素、人文要素、社会要素相互作用而形成的物质文化和精神文化的总和。不同物质文化和精神文化相互作用、相互影响，能形成不同的建筑风格。城市特色建筑被视为地域文化的传播媒介，这是城市地域文化最为直接的表现手法。不同的建筑包含着不同的地域物质文化和地域精神文化，表达出城市空间设计的完整性与统一性，在不破坏、不影响地域特色建筑风格的前提条件下，从地域特色建筑中提炼的设计元素形成设计符号，并应用于公共设施设计，使具有地域特色的建筑文化元素通过公共设施设计得以传承、发展，从而使城市特色建筑文化通过公共设施设计与城市环境相融合。

苏州是江南地区特色城市的代表，在公共设施设计中，设计师将苏州园林中的特色建筑符号进行提取和重构并应用于城市，无时无刻不展现苏州特色建筑的韵味。苏州的公交站牌明显是通过对园林建筑文化的飞檐、窗格等元素进行提炼和重构，再配以特色的"苏州白"建造而成的。公交站台整体风格与园林建筑风格表现得相得益彰。

苏州园林附近的路灯、公共电话亭、指路牌等公共设施设计也极具园林建筑特色，这些公共设施可以被看成特色园林建筑文化设计的衍生品，无一不体现着苏州传统的建筑文化特色。城市公共设施与城市环境、城市历史文化的完美融合给人留下了深刻的印象，塑造了苏州的特色形象，打造了苏州的专有名片，对苏州城市特殊魅力的展现表达得近乎完美。

（二）城市公共设施对地域民俗文化元素的传承

文化具有地域性，民俗文化是地域性的体现，不同的民俗文化能够造就不同的城市特色。设计师在设计时，要选择具有代表性的民俗文化元素，寻求与现代设计相结合的最佳切入点，将具有特色的民俗文化元素应用于现代公共设施设计中，以一种全新视角理解城市特色民俗文化。这不仅可以增强公共设施的文化内涵，丰富公共设施的设计语言，还能间接体现居民的审美情趣。最重要的是，这种方法可以作为城市民俗文化的传播途径，使民俗文化在广度和深度上得到拓展，并促进不同城市间文化的交流。

山东省潍坊市被称为"世界风筝之都"，有着悠久的风筝文化历史。风筝文化在民俗传统文化中占据重要地位，对城市发展也发挥了不可磨灭的作用，同时它作为一种地域民俗文化，对城市特色名片的打造以及城市形象的塑造起到了决定性作用。为了将地域民俗特色凸显得更为明显，潍坊城市空间设计师从风筝文化中提取了具有代表性的设计元素应用于公共设施设计，潍坊世界风筝纪念广场中的公共设施，如路灯、雕塑小品，都是将风筝文化运用其中的表现。

（三）城市公共设施对地域历史文化元素的传承

随着经济的快速发展，城市空间内公共设施的地位也在不断地提升。在进行城市空间设计时，如何将传统文化与现代审美理念完美融合，如何处理当今人们的思想与传统地域文化的关系，以及如何在现代高速发展的社会背景之下继承、发展地域历史文化等，都是设计师需要特别注意的。一个城市的地域历史文化是随着时间的推移逐渐形成的，它见证了一座城市的时代变迁，是城市空间建设的重要源泉。对每一个设计师来讲，城市地域历史文化如果能被正确地运用，则是一笔取之不尽的宝贵财富。城市地域历史文化可通过与人们有着密切关系的公共设施展现其特殊风貌。例如，设计师可以将具有代表性的历史、人物、历史故事等历史文化，通过对文化元素的提取、简化、重塑等设计手法形成新的设计元素，并应用于公共设施设计，使具有代表性的城市历史文化得以延续和发展。

四川省成都市天府广场上的公共设施就是根据巴蜀文化，运用一定的设计手段进行设计的。在天府广场12根图腾灯柱的设计中，设计师将金沙遗址中出土的玉琮形象应用其中，主体为外圆内方的造型结构，把三星堆出土的底座造型作为灯柱基座，灯具则用传统的云纹样式进行装饰。此外，在色彩的设计上，设计师将从三星堆遗址和金沙遗址出土的文物中具有代表性的金色和青铜色运用其中，灯柱柱身篆刻着金色的"川肴百味""巴蜀红潮"等体现四川人民衣食住行文化的字样。当人们在欣赏天府广场12根图腾灯柱的过程中，也能联想到三国时期蜀地的生活，这不仅传承并延续了巴蜀文化，还塑造了成都的特有形象。

作为六朝古都的南京，这一城市的地域历史文化同样得到了设计师的高度重视。南京地铁一号线鼓楼站的设计突出了南京作为"六朝古都"的历史文化特色。地铁站的过道用甲骨文、小篆等六种字体雕刻了古都南京在东吴、东晋、宋、齐、梁、陈六个朝代的名称及建都时间，并以文字印章的形式镶嵌在石墙上，印章同时汲取了中国传统的龙虎生肖元素。南京地铁站的设计，完美地再现了南京悠久的古都历史文化底蕴，使六朝历史文化得以传承并延续。

第三节 公共设施的具体类型

公共设施属于硬质景观系统，通常是指候车亭、座椅、垃圾桶、路灯、各式商亭、公共厕所、公共布告牌、地图指引牌、城市信息牌、饮水处、标识牌、电话亭等为人们提供方便的固定设施。通俗地讲，就是城市中的环境小品、城市景观中的公共生活道具。公共设施可以分为以下七大类。

一、公共信息设施

公共信息设施是指当人们在城市公共场所活动时，为人们提供和传递各种信息的重要设施。旅游区的导示牌通常以文字、记号、图形等形式出现，引导人们认识陌生环境，导示牌的内容主要包括信息咨询处、环境标识、方位导游图、广告牌、公交站牌、电话亭、邮箱、信息栏、时钟等。作为信息传递的重要媒介，公共信息设施在人们繁忙紧张的生活中发挥了越来越重要的作用。

二、公共卫生设施

公共卫生设施是保持城市环境卫生、提高城市生活质量和居民文明程度的重要设施，主要包括垃圾桶、公共卫生间、垃圾中转站等。它们是公共空间中必不可少的设施，既能满足户外活动的行人对卫生条件的需求，又可作为环境空间的点缀。

三、公共交通设施

公共交通设施是保障行人、车辆秩序与安全的设施。它不仅给人足够的安全感，而且对整个城市的环境规划、街道布置都有完善作用。公共交通设施主要包括候车亭、过街天桥、路障、道路反光镜、信号灯、自行车停放设施等。

四、公共景观设施

景观在环境中属于相对独立的一个领域，它能够以特有的人文和自然魅力，给城市带来生机和活力。景观是"景"与"观"的统一体，是客观事物与主观感受的高度融合。它不仅强调精神功能和视觉审美，还能够赋予公共空间更多的文化内涵。景观与设施密切相关，将景观纳入公共设施，有助于公共设施的系统性、整体性拓展。公共景观设施主要包括绿景、水景、地景、公共艺术作品、建筑小品。

五、公共照明设施

公共照明设施是保证人们夜间活动安全、美化城市夜景的重要设施，主要包括路灯、景观灯、地灯、霓虹灯等。公共照明设施除了需要满足一定的照度要求外，还要能够渲染环境气氛。公共照明设施以泛光照明和投光照明为主，泛光照明为整体照明形式，投光照明为局部照明形式。城市空间环境中照明灯具的作用是固定和保护光源，并调整光线的投射方向。设计师在设计过程中除了要考虑照明灯具的造型以外，还应考虑照明灯具的防触电性能、防水防尘性能、光学性能等。城市空间环境的照明灯具主要有两种类型：装饰性照明灯具和功能性照明灯具。装饰性照明灯具在造型上要与景观风格相协调，以利于白天的观赏；功能性照明灯具注重照明的视觉效果，通常隐藏在人们的视线以外，这里主要指照射各种景观元素的投光灯和埋地灯。

六、公共服务设施

公共服务设施是为人们的户外活动提供服务的重要设施，主要包括公共休息设施、公共游乐设施、公共健身设施、便利性服务设施等。公共休息设施应该是公共空间中最重要的家具，它们不仅可以为人们提供休息场所，还可以满足人们聊天、交往、读书、观赏风景等需求。公共休息设施主要包括公共座椅、休息亭、廊架等。公共游乐设施主要是满足人们游乐、休闲的需求，锻炼人们的心智和身体，丰富人们的户外活动。公共健身设施多放置于校园、居住区、体育场、城市绿地等公共空间，是为人们休息时随意运动或有目的锻炼提供的简单设施。便利性服务设施的出现是社会文明进步的一种体现，主要包括电话亭、候车厅等。公共服务设施体现了对人的室外活动需求的关怀，在为人们的生活提供方便的同时也美化了环境。

七、无障碍公共设施

无障碍公共设施是专为残疾人设计的公共设施，以便在公共空间里为他们提供便利。无障碍公共设施根据使用性质可分为以下两类。

（一）公共交通的无障碍设施

（1）通行宽度及坡道的设置

①轮椅通行宽度。为确保乘轮椅者能够安全、顺畅地通行，公共交通区域的走道宽度应满足一定要求。一般来说，通过一辆轮椅的走道宽度不宜小于120 cm，通过一辆轮椅和一个行人对行的走道净宽不宜小于150 cm，通过两辆轮椅的走道净宽不宜小于180 cm。

②坡道坡度。坡道的坡度应适宜，以方便行动不便者通行。坡道的坡度不应大于1：20，即水平长度与垂直高度之比不应小于20：1。在条件允许的情况下，坡度可以减小，如小于1：30，以提高通行的舒适度。

③坡道宽度与扶手。坡道的净宽度应满足轮椅通行的需要，通常不应小

于 100 cm。当坡道高度和水平长度超过一定限制时，应在坡道中间设置休息平台，休息平台的深度不宜小于 120 cm。坡道两侧应设置扶手，扶手的高度宜为 90 cm，以便乘轮椅者抓握。

（2）楼梯与台阶

①直线形楼梯。无障碍楼梯宜采用直线形设计，因为直线形楼梯结构简洁明了，便于行动不便者判断方向和通行。

②踏步宽度与高度。公共建筑的楼梯踏步宽度不应小于 280 mm，踏步高度不应大于 160 mm。台阶的踏步宽度不宜小于 300 mm，踏步高度不宜大于 150 mm，且不应小于 100 mm。

③防滑处理。踏步表面应平整防滑，或在踏步表面前缘设置防滑条，以减少通行时的滑倒风险。

④扶手高度。楼梯和台阶两侧应设置扶手，扶手的高度宜为 90 cm，以便乘轮椅者和拄杖者抓握。

⑤提示盲道。在楼梯上行及下行的第一阶处，宜设置提示盲道。提示盲道可以采用圆点形表面，以便视觉障碍者感知位置的变化。

（3）出入口

①平坡出入口。地面坡度小于 1∶20 且不设扶手的出入口，称为平坡出入口，适合各种行动不便者通行，在大型公共建筑中应优先选用平坡出入口。

②台阶与轮椅坡道组合出入口。当受场地条件限制无法修建平坡出入口时，可以同时设置台阶和轮椅坡道。轮椅坡道的高度大于 300 mm 且纵向坡度大于 1∶20 时，应在两侧设置扶手，并保持扶手的连贯性。

③升降平台出入口：在建筑出入口进行无障碍改造时，如果场地条件有限而无法修建坡道，可以采用占地面积小的升降平台取代轮椅坡道。但需要注意的是，升降平台主要适用于受场地限制无法改造坡道的工程，一般的新建建筑不提倡此种做法。

（4）在城市道路的人行道设置缘石坡道。缘石坡道位于人行道口或人行横道两端，是避免人行道路缘石带来的通行障碍，方便行人进入人行道的一种坡道。根据《建筑与市政工程无障碍通用规范》（GB 55019—2021）等相关标准，缘石坡道的设置应满足以下要求。

①坡道坡度。全宽式单面坡缘石坡道坡度应小于 1 ： 20 ；三面坡缘石坡道及其他形式坡道正面和侧面的坡度不应大于 1 ： 12。

②坡道宽度。全宽式单面坡缘石坡道的宽度应与人行道的宽度相同。三面坡缘石坡道的正面坡道宽度不应小于 1.20 m。其他形式缘石坡道的坡口宽度均不应小于 1.50 m。

③坡道与车行道的高差。缘石坡道的坡口与车行道之间应无高差，或当有高差时，高出车行道的地面不应大于 10 mm。

④坡道顶端过渡空间。缘石坡道顶端处应留有过渡空间，过渡空间的宽度不应小于 900 mm。

（二）公共卫生的无障碍设施

公共厕所门口应铺设残疾人通道或坡道等，厕所内应设残疾人厕位，应在厕位中留有轮椅回转面积。

第四节 公共设施设计的程序和方法

一、公共设施设计的程序

（一）规划调研阶段

公共设施设计的起点就是规划调研，这一阶段主要做以下几点工作。

1.陈述设计规划及要解决的问题

这项工作是指设计师在设计前，决定做一个什么样的设计，解决一个什么样的问题。例如，给某广场配套座椅，为某小区设计系列游乐健身设施，为某单位设计户外导向系统，为提升某处整体景观形象而配套系列公共设施，为某标志性建筑设计相关的公共设施等。根据产品设计的特点，一般有两种情况：改良型和概念型。

这一阶段，明确所需解决的问题是设计师最核心的工作内容，一般最好用简短的语句来表述要解决的问题，如为某公园设计系列景观灯具，为某人民广场设计休憩设施等。

2.根据要解决的问题进行相关的调研

这一阶段，设计师要根据已经制定的所需解决的问题，了解和熟悉现有问题的相关情况。例如，为某广场设计座椅，设计师需要了解的信息有以下六点。

（1）广场的基本情况。

（2）户外座椅的相关知识（包括现有户外座椅的情况和户外座椅的最新设计理念等）。

（3）人在广场的主要活动和相关环境心理学知识。

（4）广场所在城市的基本情况。

（5）相关的历史文化背景。

（6）当地的气候和地理环境情况，广场周围的景观情况等。

设计师在针对以上信息进行调研时，可以采用实地考察、查阅相关理论材料等手段。

3.调研总结

设计师对以上提及的情况都有了基本的了解后，就要进行归纳整理，分析解决问题的突破点，并总结列出几个要点，作为后期座椅设计的主要参考依据。

例如，通过大量的调研，发现广场作为某城市的文化中心，坐落在市中心区域，广场周围的主要景观是唐代时古朴的建筑群和中心湖。广场上的主要人群分成两部分：本地居民和外来观光游客。该市最具特色的历史文化是唐代文化，有大量的唐代遗迹……通过这样的分析，最后确定把广场作为宣传该市特色文化的窗口，以打造城市文化品牌。在这样的广场上，设计师要设计出有助于提升广场的整体使用功能和特色景观形象的公共设施，注重对座椅文化内涵的提炼，突出文化特色。

最终的调研结果将指导设计规划作出本次的设计定位。

（二）设计开展阶段

设计开展阶段是以规划调研阶段为基础的，没有前期的调研与总结，这一步的操作就会很盲目。就上面所举的文化广场座椅设计的实例来说，如果没有文化广场的定位，座椅的设计风格可以有很多种，如现代简洁风格、中式风格、欧式风格等。就欧式风格的广场来说，欧式风格的座椅是相互呼应和协调的，而在一个充满中式风格的广场上，欧式风格的座椅就会显得很怪异和不协调。由此，若没有第一步的调研，我们就无法判定最终方案的优劣。

设计开展阶段主要是对设计方案的构想、深化与定稿。

1.设计方案的构想阶段

这一阶段主要是设计师根据前期的调研情况进行一系列思考，提出不同的构思方案，并把构思简单地勾勒出来。例如，解决休息的问题，可以有坐、倚、靠、躺等不同的姿势，可以有简单休息的小凳子，还可以有解除疲劳的靠背座椅，等等。形态的构想可以根据前期的设计定位进行，甚至不需要让别人看明白，只要设计师自己能看懂自己的创新构思就可以。

2.设计方案的深化阶段

根据前期的设计构想，设计师要考虑设计方案的可行性和解决问题的路径，从一系列设计方案中选择1～3个方案进行深入和细化，并考虑产品的功能组合、材料、加工工艺、结构等细节问题，对方案进行调整。例如，在座椅的设计中考虑座椅不同的使用情况，当1个人使用的时候是什么样的状况，当2个人使用的时候是什么样的状况，当3人及3人以上同时使用的时候是什么样的状况，以及要考虑座椅的空间划分和就座者的相互关系，等等。

3.设计方案的定稿阶段

经过深入的研究，设计师要从设计方案中评选出最优的一个，并对这个设计方案进行详细论证，作为最终的设计方案，还要明确该方案的细部尺寸，以便制作相关图纸。

（三）后期完善阶段

公共设施的后期完善阶段主要是制作模型或者样品，设计师要根据模型或者样品进行实地使用试验，在一些过程中发现前期设计方案的不足之处，并积极改进。这是一个反复的过程，设计师需要认真对待，这样才能保证公共设施在以后的使用中尽量少出问题。

二、公共设施设计的方法

公共设施属于工业设计的范畴，因此，适用于一般工业设计的方法均可以作为公共设施设计的方法。一般工业设计的方法有模块化组合设计方法、仿生设计方法、功能分析设计方法、景观元素提取设计方法等，这些方法在公共设施设计中均可以使用。下面，就这些设计方法进行举例说明。

（一）模块化组合设计方法

所谓的模块化设计，简单地说，就是将产品的某些要素组合在一起，构成一个具有特定功能的子系统，将这个子系统作为通用性的模块与其他产品要素进行多种组合，构成新的系统，产生多种不同功能或相同功能、不同性能的系列产品。模块化设计是绿色设计方法之一，它已经是一种较成熟的设计方法了，设计师将绿色设计思想与模块化设计方法结合起来，可以同时满足产品的功能属性和环境属性。一方面，可以缩短产品研发与制造的周期，增加产品系列，提高产品质量，以快速应对市场变化；另一方面，可以降低产品对环境的不利影响，方便设计人员对产品进行升级、维修和产品废弃后的拆卸、回收和处理。

产品模块化是支持用户自行设计产品的一种有效方法。产品模块是具有独立功能和输入、输出的标准部件，这里的部件，一般包括分部件、组合件和零件等。模块化产品的设计原理是，在设计师对一定范围内的不同功能或相同功能、不同规格的产品进行功能分析的基础上，划分并设计出一系列功能模块。通过对模块的选择和组合构成不同顾客定制的产品，以满足市场的不同需求。这是相似性原理在产品功能和结构上的应用，是一种实现标准化与多样化的有机结合及多品种、小批量、有效统一的标准化方法。

系列产品中的模块是一种通用件，模块化与系列化已成为现今产品发展的一个趋势。模块是模块化设计和制造的功能单元，具有三大特征。

1.相对独立性

这一特征是指设计师可以对模块单独进行设计、制造、调试、修改和存储，这便于不同的专业化企业对模块进行分别生产。

2.互换性

这一特征是指模块接口部位的结构、尺寸和参数标准化，容易实现模块间的互换，从而使模块满足更大数量的不同产品的需要。

3.通用性

模块的这一特征有利于实现横系列、纵系列产品间模块的通用，即实现跨系列产品间模块的通用。例如，木条椅的设计就运用了典型的模块化设计思想，其所使用的模块只有几个木条、铁架，而木条的型号只有长、短两种，铁架也只有环形支撑架和短的靠背架两种。由此可见，四种基本的模块就可以完成一张座椅的设计。在此基础之上，只要利用不同数量的模块进行组合就可以产生很多型号的座椅。

同样，在模块化设计中，还可以设计更为简单的产品。俄罗斯方块座椅就是根据俄罗斯方块的样式，制作了不同型号的模块，并利用不同的模块进行不同的组合，就如同俄罗斯方块游戏一样，可以按照自己的兴趣和喜好来进行排列、组合。

不同的组合能够产生不同的使用功能和效果，有时候造型模块也可以通过组合产生丰富的造型效果，满足不同的需求。例如，单一的造型模块可以通过组合形成弯曲的S形曲线，同时，模块的造型本身也可以有一定的变化；而另外一种模块化组合方式则产生了如人体般自由变换的造型。因此，使用模块化组合设计方法所设计的公共设施，其造型和功能是有丰富的可能性的。

（二）仿生设计方法

仿生设计学是仿生学与设计学互相渗透而结合成的一门交叉学科，其研究范围非常广泛，研究内容丰富多彩，特别是由于仿生学和设计学涉及自然科学和社会科学中的许多学科，因此也就很难对仿生设计学的研究内容进行划分。这里，笔者是基于对所模拟生物系统在设计中的不同应用而对仿生设计学的研究内容进行分类的。归纳起来，仿生设计学的研究内容主要有以下四个。

第一，形态仿生设计学研究的是生物体（包括动物、植物、微生物、人类）和自然界的物质存在（日、月、风、云、山、川、雷、电等）的外部形态及其象征寓意，以及如何通过相应的艺术处理手法将之应用于设计。

第二，功能仿生设计学主要研究生物体和自然界物质存在的功能原理，人类可以利用这些原理去改进现有的或建造新的技术系统，以促进产品的更新换代或新产品的开发。

第三，视觉仿生设计学研究的是生物体视觉器官对图像的识别、对视觉信号的分析与处理，以及相应的视觉流程。它广泛应用于产品设计、视觉传达设计和环境设计。

第四，结构仿生设计学主要研究生物体和自然界物质存在的内部结构原理在设计中的应用问题，适用于产品设计和建筑设计。人类利用结构仿生设计学研究最多的是植物的茎、叶以及动物的形体、肌肉、骨骼。

仿生设计主要是通过对自然界事物的外形、结构、功能等方面进行模仿，以达到解决问题、模仿自然形态的效果。例如，国家体育场周围的景观灯设计采用的就是仿生设计，灯具模仿国家体育场的形象进行设计，这是一种典型的模仿外形的设计手法。同样，海边公共座椅的设计，主要是模仿海浪波涛起伏的形状，这也是一种外形上的模仿。不同造型的自行车停车架是模仿抽象形态，经过一定的处理加工，为满足自行车停放功能而设计的。户外太阳能景观灯，既模仿自然植物形态，又模仿植物向阳的特点。这样的仿生设计既是外形模仿，又是功能模仿，颇具匠心。

（三）功能分析设计方法

功能分析设计方法其实就是对产品功能进行分析，并细化产品的功能为多项子功能，进而汇总优化产品的系统功能及实现功能的办法。这一方法有利于设计师掌握产品的核心功能，而不拘泥于产品的外形特征，能够拓宽设计师的设计思路。

例如，座椅设计主要考虑的并不是座椅的造型等因素，而是座椅的功能要素，特别是要考虑在不同人数使用时座椅的情况，如1个人、2个人以及3人或3人以上时的状态，从而进行思考得出设计方案。

另外，功能分析设计方法中还有一个思路值得关注，就是多功能组合的设计方法。在公共设施中，产品的功能并不一定是单一的，还可以是不同功能的组合，如座椅可以和花坛组合、和灯具组合，公交站台可以和售货亭结合，售货亭可以和座椅、导向牌结合，等等。这种功能的组合方法既可以节约空间、成本，又方便使用者使用。

（四）景观元素提取设计方法

景观元素提取设计方法是工业设计中常用的一种设计手法。在公共设施设计中，由于公共设施不完全和工业设计相同，其所处的环境是户外，要考虑公共设施与户外景观环境的融合。因此，对公共设施周围景观元素的提取就是公共设施元素提取的来源。提取后的元素不但可以作为公共设施的造型元素，还可以和周围景观环境相协调。

例如，对城市道路元素的提取处理所形成的一种座椅设计思路，既有象征意义，又可以作为导向地图为行人提供相关的道路信息。作为城市中的座椅，这种设计可以使其和该城市的道路联系到一起，形成只有该城市才有的独特的座椅设计，体现出城市的特色。

景观元素提取设计方法中对景观元素的提取以及提取后的造型延伸等，均需要设计师进行深入的思考，这样才能设计出既有周边景观的造型特征，又不显得生硬和雷同的优秀的公共设施。公共设施的设计方法多种多样，上面只是介绍了几种常用的设计方法，而且每一种方法也不是具体的某一个方法，而是代表着一个种类，每一种思路还可以有次级的设计方法，这些需要大家共同去发展和实践。

第五章　美学型公共艺术
——装饰设计

第一节　公共艺术装饰设计的本质解释

一、公共艺术装饰设计的理念、特性

公共艺术装饰设计是针对大众的，源于设计师自己的思想创意，是让大众认可的一种给人审美体验的艺术。公共艺术装饰设计是人们追求美、表现精神世界的一种艺术形式，它可以与建筑或室外景观相结合，利用特有的内容、主题、表现手法与空间环境形成有机和谐的关系。

公共艺术装饰设计的内容包括两个方面：一是精神性方面的内容，如装饰、形式、符号、纹样所表现的形式内容，一些抽象、寓意、象征的内容也包括在内，如早期的壁画、浮雕、圆雕等依附在建筑之上的内容；二是物质性方面的内容，它是结构和功能的表现，也就是说将装饰内化到结构中。20世纪初兴起的包豪斯设计，强调抛弃一切没必要的、过多的装饰，只注重结构的合理性。其实，包豪斯的建筑设计从另一个角度来理解就是将装饰内化到结构中，通过几何形状的规则化设计给人以另一种视觉效果。公共装饰艺术最早脱胎于古代壁画，后经不断演变，成为贵族阶层沉迷享乐及宣传宗教的工具。随着工业化进程不断推进，民主意识、大众消费成为主流，这时公共装饰艺术才得以发展，并且得到不断的发展。

随着第三产业发展的不断深化，各种公共场所不断涌现，公共艺术有了更多的舞台。科技的高速发展和生活节奏的不断加快，使人与人之间的情感交流越来越趋向一种虚拟状态，真正的情感诉求没有得到更好的表达。在这样的背景下，公共艺术又面临了全新的课题。

公共艺术是一种当代的空间文化，是城市化进程的一种表现。公共装饰艺术不仅体现了空间的多功能化，而且是对大多数人的认同和分享，是对城市情感确认度的文化塑造。公共艺术中的"公共"所针对的是生活中人和人赖以生存的大环境，包括自然生态环境和人文社会环境。从文化层面来看，公共艺术尊重自然原生态并重视其产生的异质性生态文化经验，是对文化脉络的一种最根本的延续，也是公共性在更广义上的延伸。传统是一脉相承的系统，传统与现代实质上是继承与创新的关系。有了这样的传承观，当代公共艺术才可能在整个人类文明进化的大背景下深刻地理解自己的文化特质和历史使命。当代公共艺术在向传统追寻文化血脉和灵感启迪时，才能够从文化的发展动因上解读传统。

公共艺术作为地域性标志，它承载了该地域的文化内涵、民俗风貌、娱乐消遣等内容。公共装饰艺术的特色性需求随着城市文明程度的加深而不断增长，但由于科技的高速发展，机械化大生产背景下产出的标准化、批量化产品严重充斥着社会，过于严谨的产品氛围会使人们感到单调与僵硬，从而缺失由手工制造所产生的体现人性化精神内涵的特有魅力。在这种背景下，后现代主义设计异军突起，成为发展的潮流。

后现代主义设计的特征可以归结为以下几点。

第一，隐喻和装饰设计。装饰几乎是后现代设计最为典型的特征；隐喻，即用借喻手法诠释与设计相关的文化、情景内涵等。

第二，想象的和情感的设计。后现代设计认为设计并不应只是解决功能问题，还应考虑人的情感因素。

第三，呼唤真实的生活。后现代设计将人们从简单、机械、枯燥的生活中解放出来，使人们回归纯真自然的生活。

第四，有爱心的设计。丰富和超越现代主义设计的功能，将理性的、逻辑的功能发展为既有生理功能又有心理功能的新功能主义设计。

第五，有卖点的设计。设计的成功是名望和利润的来源。

后现代主义是对现代主义极端理性设计的一种反叛，它更强调设计中的人文关怀，表现在建筑与艺术造型上，就是为大众提供娱乐与装饰。后现代主义设计思潮启示我们，人性化的个性设计与不同材质的结合运用，既可以充分地、有针对性地表现不同公共场所各自的特点和需求，又可以将实用功能与艺术审美相结合，更好地为广大群众服务。其独特之处就在于，设计师通过对材料的具体运用，加之个性化独特视角的设计，可以填补人们在当今社会所缺失的精神内涵。

二、公共艺术装饰设计的表现形式

公共装饰艺术的设计表现形式有两方面内容：一方面，是从构图的形式上实现艺术表现形式的多样化；另一方面，是从材料入手，通过对多种材料的运用来实现设计者所要表达的最终艺术效果。这一节我们主要从图形形式上进行分析。

（一）图形装饰的艺术特征

要做出好的艺术设计，设计师就要学会从生活中去仔细观察并总结规律，抽取并保留物体最本质的元素，通过了解物体原型固有的比例、透视、结构、空间、色彩等关系，采用夸张、象征等艺术表现手法，对图形形式进行归纳与再设计。

1.均衡手法

画面中的均衡不只是物体本身的平衡和对称，还是在视觉效果上，在人们生理与心理上产生的一种平衡。

2.夸张手法

夸张手法是指对自然物象的主要特征进行的夸张与强化。

3.理想性手法

这种手法是指设计师通过一定的联想拓展，跨越时空限制，打破自然规

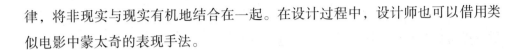

律，将非现实与现实有机地结合在一起。在设计过程中，设计师也可以借用类似电影中蒙太奇的表现手法。

4.平面化手法

平面化是装饰图形的重要特征之一，主要表现在淡化自然物象的光影、明暗、远近等透视效果以及色彩的平面化上。设计师要使用这种手法将复杂的结构、体积、透视转化为平面状态，使其不再是客观的三维空间。

5.透视手法

文艺复兴之后，艺术家开始运用科学的透视原理。现在的艺术家在进行艺术设计时都可以像照相机一样，运用变焦效果的多角度进行构图。中国的古代画论中也有运用平视、散点透视来刻画千里山河巨幅长卷的例子。

6.简洁手法

所谓简洁手法，就是删繁就简，提炼归纳。设计者根据创作需求对物象特征以外的其他元素进行提炼与归纳，去粗取精，增强装饰效果。世界上的物象都有自己的体与面，装饰造型语言应区别于写实的描绘，它需要通过概括、提炼或简化获得一种比较明显的单纯性装饰效果。设计师要大胆舍弃不具有代表性的元素，选择最能体现对象美的特征、结构和动态，将琐碎的、复杂的形象归纳、简化成完整简洁的形状。

7.装饰语言统一性手法

在做装饰设计的过程中，设计师一定要注意表现形式语言的统一性，不能只注重变化而忽略了统一。公共装饰艺术的造型要统一，韵味要统一，样式要统一，色彩也要统一。

8.秩序化、规律化手法

在设计师进行装饰造型取舍组合的过程中，要将经过加工提炼的图形的某些元素进行增加或缩减，实现重复的秩序和观感的节奏，就如同曲子中的某一段要进行反复一样。设计师可以通过归纳和变化等形式，运用均衡、对称、节奏等一定的程式规则，使图形产生一种韵律之美。例如中国古代画家就常用"疏可走马，密不透风"来形容画面的疏密关系。

（二）装饰的形式与规律

装饰的形式大致可以分为两种：动态的和静态的。动态效果呈扩张、膨胀、辐射之气势，画面的张力给人以开阔感、运动感，画面较多运用弧线、曲线、交错之线；静态效果画面平稳、严肃，呈收敛之势，多用平行线、垂直线，以保持画面的平静感。装饰的形式表现方式可以分为对称形式、不对称形式、共用线形式等。

1.点、线、面的运用

第一，点是造型艺术的最基本元素之一。点通过间距、疏密、起伏等艺术效果来体现节奏、韵律的美感。

第二，线在艺术表现中占有突出的地位。它可以表现物象的外形、结构、体积、质感、量感等。装饰艺术特别重视线的秩序美，能够通过线的长短、粗细、曲直、顿挫、疏密的变化与统一，条理、重复所产生的节奏感、韵律感，充分表达作品的内容和情感。现代画家康定斯基的作品用曲线、直线、圆形、方形、三角形进行组合，产生了音乐般的视觉效果。

第三，运用面的分割和明暗处理，体现变化与统一。面的变化可以产生强烈的对比、调和、分散、呼应、虚实、对称、均衡等独特的艺术效果。

2.装饰色彩的表现方式

色彩在生活当中随处可见，与人类的衣、食、住、行息息相关，它对人类的生理、心理都产生了重要的影响。

在色彩学中，有三个基本要素：色相、明度、纯度。

色相：色彩本身所呈现的固有面貌，例如红色、黄色、蓝色等。

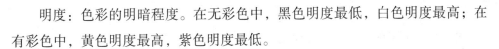

明度：色彩的明暗程度。在无彩色中，黑色明度最低，白色明度最高；在有彩色中，黄色明度最高，紫色明度最低。

纯度：又称"饱和度"，是指色彩的纯净程度，例如红色比粉色纯度高。

设计师只有了解一些在装饰色彩方面配色的规律，才能更好地运用色彩，创造出良好的画面效果。

（1）对比与调和。色彩的配置离不开对比与调和，它们是相互对立又相互依存的。一般来说，同类配色呈现出宁静柔和的色彩关系，对比色会给人一种鲜明、强烈、动感的印象。

（2）层次与色调。底纹和浮纹可以使画面构成不同层次；画面色调需要明确，色调有助于作者表达意图和情感。

（3）提炼与整理。设计师可以借鉴国内外大师作品或经典艺术作品，提炼其色彩，进行归纳与总结，并进行重新整理，形成新的设计色彩。

三、公共艺术装饰设计与空间、环境的关系

交通工具的繁荣，为人与人之间的交流提供了更加快捷的平台，同时互联网的发展，给人创造了一种全新的虚拟空间。在这种背景下，一方面科技成果为公共装饰艺术提供了可能，另一方面公共装饰艺术作为能够填补人类精神空缺的视觉元素而成为建筑环境的必要装置。公共装饰艺术依附在建筑环境中，与环境、空间结合，体现了大众性与开放性。公共装饰艺术不仅起到美化环境的作用，还可以改变建筑已有的风貌，赋予建筑、空间性格和精神。

公共装饰艺术美化了生活，给人带来一种清新愉悦的视觉效果，同时它又受到建筑环境、空间的制约，不能过于脱离基本的形态特征，也正是因为这种限制才更好地体现了其鲜明的个性和独特的美感。建筑空间按照空间环境大致可分为内部空间与外部空间，按照状态可分为流动空间与稳定空间，按照空间的需求又可以分为主空间与副空间等。以空间的内部为例，公共环境的大厅、音乐厅、咖啡厅、电影院、歌舞剧院、会议大厅、酒店宾馆的休息大厅等，此类空间内部性能比较稳定。

　　美国著名画家詹姆斯·惠斯勒（James Whistler）为船舶巨头莱兰装修的"孔雀厅"，将印象派与古典派结合，类似于中国工笔画风格的孔雀造型，蓝绿与金相间，展现出如音乐般流畅的艺术效果。比利时新艺术运动时期的艺术家维克多·霍塔（Victor Horta）设计的塔塞尔公馆，将当时刚刚盛行的铁艺与墙画相结合。霍塔运用他最擅长的线条作为装饰，使塔塞尔公馆成为经典。19世纪，奥地利维也纳分离派代表人物古斯塔夫·克里姆特（Gustav Klimt）在拜占庭式装饰镶嵌壁画的基础上，形成了自己独特的综合材料语言形式。他给布鲁塞尔斯托克雷宫设计制作的壁画是现代艺术史上的重要作品，该作品采用了玻璃、马赛克、珐琅、金属与宝石。运用多种材料的镶嵌技法成为综合绘画的一种重要表达方式。

　　外部空间的设计需要以开放性为主导，设计师在设计外部空间时往往容易和建筑结构自然结合。外部空间的代表性作品如西班牙著名的建筑大师安东尼·高迪（Antoni Gaudi）的圣家族教堂、米拉之家。老百姓称米拉之家为"石头房子"。高迪认为，这房子的奇特造型与巴塞罗那四周千姿百态的群山相呼应，是用自然主义手法在建筑上体现浪漫主义和反传统精神的最有说服力的作品。此外，外部空间设计还有法国著名的设计师赫克多·吉马德（Hector Guimard）的代表作——巴黎地铁入口。

　　优秀的公共装饰艺术设计是与建筑、空间相互统一、和谐共存的，如果两者之间的关系是互相对立的，那么公共装饰艺术不仅会失去其自身的价值，还会削弱建筑的整体设计之美。当代公共装饰艺术随着建筑空间设计样式的多元化而变得更加新颖，也随着建筑材料运用的多元化而不断丰富。随着科技水平不断发展，人类环保意识不断增强，公共装饰艺术与空间、建筑的关系会更加紧密。

第二节　公共装饰设计中的现代纤维艺术

艺术形象是艺术家通过选择特定的材料和方法创造出来的。它既是艺术家审美的结果，又是艺术接受者的审美对象。如果离开了艺术家所采取的独特的艺术表现途径与艺术造型语言去评价艺术作品，就难以把握艺术审美的完整性，而完整性是指构成艺术内在诸元素的高度有机联系。

现代纤维艺术以其特有的材质肌理与极富个性的表现魅力，构成了独一无二的审美特征。这种美的特征是由纤维艺术的材料、肌理、形态、色彩等要素在空间形成的完整性，经视觉传达通过人的审美心理感应来完成的。现代纤维艺术既有相对独立的审美特征，又是相互渗透、交融统一的审美整体。

一、材料美

物体的形状是由它的基本空间特征所构成的，而区别不同基本空间特征的物体，首先取决于使用材料的不同，其次才是表现方法的不同。材料间物理性的差异能产生各不相同的美感，金属材料构成的环境给人冷漠的洁净感，石材营造的环境显得朴素，而堆满柔软织物的空间则洋溢着温馨的气氛。纤维艺术的材料由动植物纤维材料、人造纤维材料和实物材料三大类组成，每一类材料所具有的物理属性使人形成了不同的心理感应。例如：动植物纤维材料一般具有天然的美，人造纤维材料一般具有光亮的美，而实物材料则有物件特具的内涵美。它们除了共同具有的柔韧的共性美以外，又具有不同质感的个性美。不同自然属性的材料美，在艺术家的视觉中转化成为心理感应。他们通过运用恰当的艺术表现，赋予材料一种特定意义的审美价值。例如，艺术大师米罗（Miro）擅长运用麻、毛、纱线等材料来表达艺术符号，不管要表现的形象有多复杂，他总能恰到好处地用简洁的语言来突出色泽鲜明、质地柔和、淳朴天然的材料美。美国纽约著名的大地艺术家贾瓦契夫（Javacheff）则热衷于选用尼龙织物去包裹自然景观中的物体，表现人造材料闪烁、缥缈的空间美，以此创造新的人文景观。波普艺术家劳申伯格（Rauschenberg）更为新奇，他直接把被子挂到展览的墙上，并命名为《床》。在这些例子中，艺术家没有改变实物材料的物理性质，只是从观念与空间上改变了实物的功能，实物材料独特的信息使作品产生了特定意义的审美价值。可以预料，现代纤维艺术在日益进步的社会与人的审美需求中，会涌现出更多更新的材料，材料的美将永远是纤维艺术家首要表现的审美特征之一。

二、肌理美

由于纤维材料柔软，可以被人为地自由加工处理，因此产生了千变万化的美的视觉状态——肌理，正是这种肌理美造就了纤维艺术独特的空间美。

第一，肌理美是一种视觉形态。肌理美具有的物理倾向性的张力在不同组织结构中的穿行延伸是创造肌理美的重要因素，并同时影响着人的心理感受。例如，稀疏与密集的肌理，因张力的强弱变化而使人产生了松弛与紧张的心理感受；凹凸与起伏的肌理，因张力的变化冲突而使人产生了退缩与扩展的心理感受；条理与节奏的肌理，因张力的规则有序而给人以整齐舒展的心理感受；细腻与粗犷的肌理，则是张力在结构的隐与显中给人带来了含蓄明快的心理感受。视觉形态的肌理感受与不同质感的材料密切相关，同一种色彩和形态的肌理在与两种不同质地材料的组合中，因色线反光的差别而产生不同的肌理效果。同时，视觉形态的肌理感受又与艺术家赋予材质的特殊表现密切相关。

第二，肌理美具有不同的质量感。艺术作品的肌理与光影、色泽、形态相融，与人的心理感应交汇而混合为一种美的质量感，一种不同于物理性能的质量感。色泽暗淡、反光微弱、表面粗糙的形态肌理，能使人产生厚重收缩的心理效应。色泽明亮、反光强烈、表面光滑的形态肌理则能使人产生轻松扩张的心理效应。因而在较小的空间选用浅色调、具有虚实透漏、肌理细腻的壁挂作

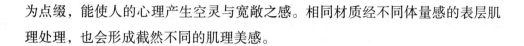

为点缀，能使人的心理产生空灵与宽敞之感。相同材质经不同体量感的表层肌理处理，也会形成截然不同的肌理美感。

三、形态美

现代纤维艺术常运用力的重叠获得深度，产生比物理距离还要强烈的空间形态美；运用力的渐变获得序列，创造具有节奏韵律的形态美；运用透视的抽象变形获得张力，形成具有动感的形态美。由于新材料的介入，现代纤维艺术具有不定空间、不定动静、不定虚实的形态特征，其时而粗犷浑厚、时而细腻紧密、时而飘逸朦胧，纤维艺术的形态美构成了纤维艺术的空间美。形态包括外部形态与内部形态：外部形态是单纯的空间特征，一般指形态的外部轮廓；内部形态则表示各部分之间界限的形态，即结构形态。外部形态与内部形态是局部与整体、前景与背景的层次关系，它们之间的张力在相互辉映中达到平衡。有时，外部形态的轮廓可以衬托内部形态的轮廓，如阿德姆斯的纤维艺术作品，简洁的长方形轮廓有力地对比了明亮柔和的色泽与如流水般卷曲的内部形态轮廓；有时内部形态的轮廓也可以限定、制约外部形态的轮廓，如艺术家库艾玛琳的作品，作者选用粗糙的亚麻线和柔和的纱线，在壁挂的上部塑造了一个结实的圆的内聚张力结构。它不仅规定了圆的外部形态轮廓，而且自然形成了下部拖挂、垂荡的外部形态轮廓。壁挂那一松一紧的张力得到整体的平衡，产生了和谐统一的视觉美感。有时，内外结构的张力是相互影响的，其能够使作品形态轮廓模糊不定，如万曼的作品就是着重表现形态内外结构的张力与周围空间交融美的典范。不同材料的质地能改变外部与内部结构轮廓线的质感，从而使形态的视觉美感更丰富，如硬质的竹、藤、金属等纤维材料。它们共同具有的弹性张力在外形与内形的结构组合中，形成比较明确的结构轮廓，继而产生利落挺拔的形态美。软质的棉、麻、丝、毛等纤维材料，它们相同的柔软属性在不同编织物的交织中形成了模糊、随意的张力结构轮廓，从而表现出柔美和谐的形态美。软硬材料的组合，其对比的张力在各部分形态间的表现则是一种曲直刚柔的形态美。因此，在纤维艺术的创作中，作者对材料的选择与对结构形态的把握，是决定作品在空间营造视觉美的关键。

四、空间美

无论是二维的壁面形态还是三维的空间形态，纤维艺术作品只要一经装置，它的形态、色彩及肌理等因素就能够与周围空间的诸多因素发生联系。艺术家必须对纤维艺术作品中的各种关系进行协调处理，使人们在视觉心理中产生审美联想，这样才能最终完成作品整体的空间美。

纤维艺术的形态与环境空间美的构造始终是艺术家关注的问题，如何去创造具有生命力的空间更是艺术家追求的目标。空间与形态在相互制约中限定了纤维艺术运动式样的状态，又在互相对照中升华了整体空间的美感。

五、色彩美

色彩美的创造应该以人为本，以营造整体空间色彩的审美感受为最终目的。纤维艺术的色彩美是通过纤维艺术自身的色彩表现与周围环境的色彩两方面关系的和谐对比而共同完成的。色彩在纤维艺术中，是经过经纬色线的组合配置而在交织形成的点线面的层次中体现的。纤维艺术的色彩不同于绘画对色、光的追求，它强调的是空间混合的色彩交织效果，因此在经纬交织中，色彩不但是形态的一部分，而且在形态结构中又是最直观的部分。可以说，色彩是一种重要的构成语言，它在材与质的交融汇合、形与色的相得益彰中创造了纤维艺术的空间美。

传统纤维艺术的色彩表现是在逼真地再现绘画的效果中达到的，完全是一种附和的、被动的表现形式。现代纤维艺术的色彩在包豪斯艺术家的探索实践中取得了突破性进展，他们强调材质、肌理、色彩在作品结构中具有相对的独立性。因此，他们把色彩从上万种"色线的绘画"中抽离出来，作为一种独立的构成语言来研究。色彩在纤维艺术的组织结构中被艺术家简练准确地表达在一种抽象装饰的形式中，而这种装饰性的纤维艺术色彩表现，恰恰与现代建筑空间讲究简洁、整体的环境基调十分协调。

现代纤维艺术的色彩表现是在追求整体空间美的关系中体现的，一般具有两大类特点。一类是运用材料的本色或邻近色彩，这种色彩构成适宜表达凹凸明显、肌理厚实、抽象风格的纤维艺术，微妙的色彩在肌理的层层叠叠中升华为单纯的状态；另一类是运用材料的对比色彩，这种色彩构成适宜表达装饰风格浓郁的纤维壁挂，注重编织结构的肌理变化，追求面与面、面与线、线面结合的色彩对比效果。例如，日本艺术家堀内纪子创作的大型互动式编织作品《彩虹网》，通过高饱和的色彩对比并置，在创造强烈视觉美感的同时，吸引人们进行沉浸式体验。

综上所述，纤维艺术美的特征有材料美、肌理美、形态美、空间美、色彩美五种，均是艺术家把握纤维艺术整体美时缺一不可的元素。只有当它们自身的美恰到好处地成为整体艺术形象的有机组成部分时，只有当它们与艺术接受者的审美情感达到共鸣时，才能使纤维艺术拥有完整的审美价值。

六、纤维艺术

纤维材料的质感、肌理感、色彩感所产生的效果，让人感到温馨和亲切。运用纤维材料且通过编、结、缠、扎、缝、染等手法构成的综合材料构成品，统称为纤维艺术。纤维艺术在中国有着灿烂辉煌的历史，如传统的刺绣工艺，苏绣、湘绣、粤绣、蜀绣为我国的四大名绣。织锦工艺也是纤维艺术的代表，纤维艺术与建筑环境有着密切的关系。纤维的软质材料与墙体的硬质材料形成对比，使建筑富有人性化。纤维柔和温暖的材质以及纯手工编造的效果，能够消除建筑给人带来的严肃感与冷漠感。

第三节 公共空间与装饰艺术融合的影响因素

一、公共空间与装饰艺术融合的物质要素

（一）形态要素

1.概念及分类

形态在《辞海》中被解释为"形状和神态"。"形"有形象、形体、形状、外貌等含义；"态"有姿态、体态、情状等含义。"态"是"形"的外在形状所显露出来的神态。形与态是互动关系，由于形是形成物质的外在形状，因而物质也就具有了可识别性；由于态是物质外在形状显露出来的神态，因而人们产生了对物质的性质、意义的理解和把握，并在此基础上，产生了主观形态的非物质形态。

从形态构成来说，装饰实体与空间形态的关系是既相互联系又相互区别的。作为空间形态的公共空间本身而言，其虽是广延性的，但并无形态可言。只是由于有了装饰实体的围合与限定，公共空间的体积才得以度量，并形成空间形态。空间形态主要有三大要素，分别是基本要素、限定要素和基本形。

（1）基本要素。基本要素由抽象化的点、线、面、体组成。点是任何"形"的原生要素，一连串的点可以延伸为线，由线可以展开为面，而面又可以聚成为体。例如，运用基本要素中的点（方形图形），通过大小间隔变化，按照一定的排列秩序形成一定的走向，由一连串的方点延伸形成线，又由变化的线形成面，抽象化的点、线、面在建筑上都得到了很好的运用与表现。大小方形

的变化，彼此和谐、互相联系，调和中有变化，使空间环境丰富多彩、主题突出、风格统一。

（2）限定要素。以下是限定要素的分类及各要素的基面与较为抽象的限定，见表 5-1 所列。

表 5-1　限定要素分类及基面与较为抽象的限定

	基面	较为抽象的限定
水平要素	基面下沉 基面抬起 顶面 垂直线	具体的限定 由顶面的形状、大小及背景的高度决定 由垂直线数量多少决定
垂直要素	单一垂直面 平行垂直面 L 形垂直面 U 形垂直面 口形垂直面	两个空间的界面 方向感，并有外向性感受 运动感，转角内向性、边界处外向性感受 方向感，内部内向性、敞开处外向性感受 封闭感，内向性感受
综合要素	与水平要素和垂直要素相比较，综合要素空间封闭感最强，内向性最为显著，空间形态也更加趋于明确和完整	

（3）基本形。基本形是由基本要素构成的具有一定几何特征的形体，一般来说，形体越是单纯和规则，则越是容易为人感知和识别。

①几何形。几何形几乎主宰了空间环境的设计构成。在实际设计中，各种几何形可以独立存在，也可以相互组合，生成另外一种新的形式，如方和圆，叠加或旋转都会演化出新的组合形式。

A. 方形。正方形表现出纯正与理性，方形是几何形中最规整的基本形态，在空间环境形态融合中具有最稳定的平衡性。为公共空间与装饰艺术的直线形态融合，虽然直线本身是中性的，但它很容易适应环境，在空间中给人以平直、稳定的感觉，具有向两端的延伸性。

B. 圆形。圆形是一种紧凑而内敛的形状，这种内向是指圆形会对着自己的圆心自行聚焦。圆形能够表现形状的一致性、连续性和构成的严谨性。例如，空心圆建筑采用梳妆台镜面的外轮廓造型，体现了公共空间与装饰艺术的圆形形态融合。巧妙地框景和借景，这样的形态融合能够缓解人的紧张情绪，并使人获得柔滑的舒适感。同时，圆形也起到一定的空间分割作用。

C.三角形。三角形表现稳定，其装饰能使人产生锐利、坚固、强壮、收缩、轻巧的联想。例如，将高低错落的玫瑰红色钢管按竖琴状摆放装饰，运用波动的弧形将平直的三角形扭动，来装饰美化公共空间。巧妙运用三角形形状的能动性，将三边上的角度关系灵活转变，既可以美化空间，又起到软隔断作用。

②自然形。自然形，即自然界中的各种天然形象。这些形状可以被抽象化，但仍会保留它们天然形态的根本特点。

③具象形。这种形状是指模仿特定的物体，按照某一程式化的形象演变而来，带有某种象征性的含义。

2.形态融合产生的感受

公共空间与装饰艺术的形态融合是给空间内观者的第一感觉，具有很强的直观性，正如我们面对一个陌生人的第一印象。大自然中的形态很多，如何将它恰当地融入我们的空间环境中，是一个值得深思的问题。任何公共空间都会有相应的艺术形态，空间环境装饰艺术的设计首先是确定合理、适宜的形态，见表5-2所列。

表5-2　影响空间感受的因素

序号	影响因素
（1）	空间感受的形成与"心物场"有关（人知觉外界物体的场称为"心物场"）
（2）	空间感受的形成与人对空间的认识过程有关
（3）	空间感受的形成与人的主观能动性有关

当然，在公共空间与装饰艺术形态融合的过程中，设计师还应该不断创作不同形态的作品来装饰丰富公共空间。在笔者归纳总结的一些中国传统装饰形

式的图例中，有不少被运用到公共的空间环境设计中，尤其以铺装最为明显与突出，如图 5-1 所示。

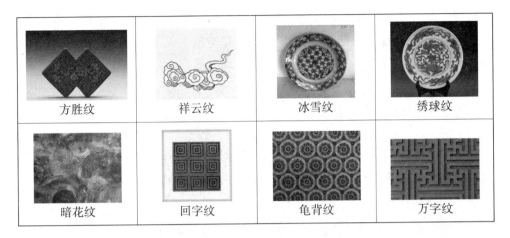

图 5-1　中国传统装饰形式的图例

（二）色彩要素

1.概念及分类

色彩是人们视觉感官所能感知的空间性的美，它是形式美的重要因素，也是美感中最大众化的形式。公共空间内的装饰色彩是一门追求审美意象的主观表现性的色彩艺术。人们对色彩有着天然的敏感性，通过装饰色彩，可以恰当地渲染出意境与情调。色彩作为一种主要的视觉语言，具有强烈的视觉冲击力，可以表现出人类的感情和意识，而它传达给人们的视觉感受又直接影响着呈现的城市效果。四川美术学院罗中立美术馆的外墙采用了彩色瓷砖镶嵌，表现内容丰富，色彩强烈，不仅充分发挥了建筑的功能，而且体现了四川美术学院的特色。

公共空间内的色彩多种多样，由于装饰艺术的体现必须有附属的实体，而赋予在实体上的色彩除固有色（材质的颜色）以外，还受光照和灯照的影响，因而空间内同一实体在白天光照和晚上灯照时，给人的视觉感受也是不一样的。充分合理运用不同材质所呈现的色彩，我们生活的公共空间会更具美感，也能更好地为人类的精神生活缔造出"灵性空间"的主题。例如，地面铺装通过空间与装饰艺术的色彩融合来美化空间环境，图中色彩有红、绿、蓝、黄。通过不同材质表现的色彩，既能够装饰美化空间，又能够起到一定的引导作用。

2.色彩融合产生的感受

我们的生活若没有色彩的装饰，将会是单调乏味的。色彩能对人的心理、生理产生特有的视觉体验，不同的色彩往往给人以冷暖、轻重、宽窄、大小、厚薄、远近和动静等不同感受。设计师通过运用不同空间环境元素独特倾向的色彩，能够使人们对公共空间产生亲近感。这种色彩倾向性，体现在空间环境元素的装饰设计上，还能起到很好的感染作用。在空间环境中，充分运用色彩的视觉美感来进行装饰与美化，将会演绎出装饰设计艺术新的空间。色彩的作用和常用色彩产生的效果及象征见表5-3、表5-4所列。

表5-3　色彩的作用

公共空间与装饰艺术融合的色彩作用
色彩可以使人对某物引起注意，或使其重要性降低
色彩可以使目的物变得最大或最小
色彩可以强化空间形式，也可破坏其形式
色彩可以通过反射来修饰

表 5-4 常用色彩产生的效果及象征

颜色	产生效果	色彩象征
黄色	产生兴奋、愉悦、温润、扩大、华丽、醒目感	象征高贵的色相
绿色	产生沉静、健康、湿润、生命、安定感	象征生命的色相
红色	产生喜悦、热烈、扩张、锐利、狂躁感	象征火焰的色相
蓝色	产生理智、凉爽、湿润、沉重、忧郁感	象征清澈的色相
古铜色	产生稳定、亲切、安全感	象征健康的色相
白色	产生明亮、干净、畅快、朴素、雅致与贞洁感	象征光明的色相
黑色	产生稳定、庄重感	象征庄严的色相
紫色	产生优雅、高贵、魅力、神秘、压迫感	象征虔诚的色相

空间的使用目的不同，其色彩要求、性格体现、气氛形成也各异。不同方位在自然光线作用下的色彩是不同的，冷暖感也有差别，设计师在设计时可利用色彩来进行调整。在不同的年龄层次中，少年和儿童喜欢鲜亮、饱和、单纯的色彩；青年人喜欢新颖、独特的色彩；中年人偏好典雅、高贵、雅致的色调；而老年人则喜欢朴素大方、洁净的色彩。

（三）材质要素

欧文·埃德曼曾经把艺术定义为"一种包含着一切种类的实践或其他对材料进行控制性处理的领域"。

1.概念及分类

材质是自原料中取得的，为生产半成品、工件、部件和成品的初始物料，如金属、石块、木材等。材质是构成装饰艺术形式美的第一要素，不同材质的运用，可以形成不同的艺术特色。用于装饰艺术造型的物质材料很多，不同的物质材料能引起不同的联想，从而使人在公共空间里产生宜人或其他的感觉。例如，某城市空间装饰将软材（植物）与硬材（大理石、玻璃）、透明材质（玻璃）与不透明材质（大理石）相融合，体现了公共空间与装饰艺术的材质融合。

装饰艺术涉及的材质包括两大类：一类是天然材料，如石材、木材、天然纤维材料（毛、麻、丝、棕、竹等）、陶土；另一类是人工材料，如金属材料（铜、铁、不锈钢、铝等）、玻璃、玻璃钢、化学漆、纤维板、石膏、水泥、塑料。这些材质为公共空间的装饰艺术创作提供了极大的便利。

所有的材质都有基本的性格，各种材料的形状、纹理、色泽、质感等都蕴含着装饰艺术情感表达的语言，都有可能诱发设计师艺术创作的动因和想象力。装饰材料的特性主要表现在肌理美感、色彩美感、质地美感三方面。材料的美感和功能可从多方面体现出来，如木材纹理别致、自然淳朴、轻松舒适，石材光泽美观、稳重、庄严。设计师在使用过程中要充分地审视材料，使每一种材料都能得到最恰当、最理想的艺术表现。

2.材质融合产生的感受

面对有价值的材料，设计师要去把握它；面对废旧的材料，设计师应去尝试它；面对司空见惯的材料，设计师可以将其打散重组，使之产生新的感觉、新的精神。总之，材料的宜人感、材质的独特感、加工的精致化、外表的美感加快了材料艺术的发展进程。中国人在传统上喜爱玉、石等材料，并以其象征人的高尚品格，以玉言志。如"宁为玉碎，不为瓦全"，象征着忠贞不渝的高贵品质和情操。

不同材料不仅具有特定的加工技艺，而且也具有独特的装饰手法和艺术特征。材料从某种程度上确定着艺术的形式，同时，不同的材料能够使人感觉到不同的情感表达。在公共空间里，设计师要想做到合理运用不同的材质特性，还应该从四个方面来考虑：一是在特定的公共空间内，要考虑可能运用什么材料；二是在运用这种材料前，还要考虑适用何种制作技术体现；三是在运用的

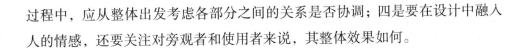

过程中，应从整体出发考虑各部分之间的关系是否协调；四是要在设计中融入人的情感，还要关注对旁观者和使用者来说，其整体效果如何。

二、公共空间与装饰艺术融合的精神要素

（一）社会文化要素

1.民族性

（1）含义及特点：中国由于地域辽阔、民族众多、地形及气候复杂多样，加之各民族文化习惯和宗教信仰各异，因而在公共空间与装饰艺术的融合上也呈现出多元化文化趋势，不同地域有不同的装饰艺术。

（2）意义及作用：中华民族文化博大精深，设计师应如何利用这些丰富的传统文化要素，加以现代化演绎而使公共空间的设计焕发出新意，是一个很重要的课题。中国历史源远流长，众多的民族文化故事和传统图案既是设计的源泉，又是设计所受的地域性限制。中国有句成语叫"流水不腐，户枢不蠹"，只有不断地吸收和借鉴各个国家和民族的优秀文化，才能不断壮大自己，获得文化的大繁荣。每个民族和国家都有着自己长期以来所形成的特有的审美习惯，它融汇于民族的脉搏之中，构成各民族文化的个性特征。

2.公共性

（1）含义及特点：公共性主要指公共空间与装饰艺术融合在公众中所产生的文化共鸣，即形成的普遍性设计规律。中国人有着自己阐释事物的方法。他们喜欢美好的、寓意祥和的事物，反映在视觉文化形象上，就是许许多多的吉祥纹样、吉祥文字，正所谓"图必有意，意必吉祥"。除此之外，城市空间中的装饰艺术主要面对大众，设计师在设计时应尽量采用符合大众视觉审美习惯的图形，选择较为贴切的形象来表现主题。

（2）意义及作用：整个国家在形成统一的社会文化公共性后，在整体上能

形成一个空间环境设计的指导思想，将各民族的特色整合起来，并从中寻找当代公共空间与装饰艺术融合的社会文化共同点，将其归整成一个具有中国特色的空间环境，而这种文化特色往往是最为经典的，也是最值得流传的。

3. 时代性

（1）含义及特点：在一个民族发展的不同阶段，该民族的设计会表现出明显的时代特征。每个时代都有其独特且应存在的美。当这种美随时代消逝时，新的一代就会产生属于自己的、新的美，无人会对此感到不满。同时，不同设计师的设计风格会因为各自欣赏的美术风格的不同而各具特色。中国设计艺术的发展还受到古代中国文学中所描写的某些意境的影响，并在如今发展出一系列源自唐宋诗词意境的寓意性装饰形式。

（2）意义及作用：在设计转向非物质的时代，当代公共空间追求一种不确定的多元化价值和能引起人共鸣的体验式表述语言，创造一种形式与功能的多变与复合、东西方文化差异的融合与对话、传统与现代的拼贴与交融的平衡关系。

这种多元价值的思考与艺术不谋而合，正如艺术已走出架上绘画的范畴，艺术形式与对象不再是表现与被表现的关系，当代艺术追求一种不确定的情感及由这种情感引发的思考。文化的交流是新价值产生与发展的源泉与动力，社会发展需要文化的不断更新进步，而从历史规律来看，交流是文化的更新能力的巨大的推动力。没有出现过哪种封闭发展的文化能在时间的进程中永远保持领先优势。

4. 商业性

（1）含义及特点：随着社会经济的发展，越来越多的商业色彩融入现在的公共空间环境设计中，但由于各个国家、各个地区的经济发展进程不同，导致形成的社会文化也不同，设计师设计出的公共空间也就有着不同的空间环境风貌。

（2）意义及作用：在全球经济融合发展的潮流中，各国在相互交流、相互吸引、相互竞争的同时，越来越多的国家注意到并开始研究自身的历史传统和经济、政治、文化背景，保持本国的民族特色、地方特色。经济的快速发展导致社会的快速进步，社会的进步促使各民族的文化不断发展，而公共空间内的装饰艺术实体又体现出一个社会某一个时期的设计风格。

对于当代中国公共空间与装饰艺术的融合而言，经济与文化是两个相互影响的外在因素。"经济的文化化和文化的经济化"是全球化也是后现代的特征之一。在全球化的态势中，发展本土化的设计，从民族文化中汲取设计灵感，用全球化视野创建有民族特色的、先进的设计文化。这不仅是发展经济、参与国际化竞争的需要，还是建设民族新文化的时代任务和职责。

（二）审美视觉要素

欣赏公共空间内的装饰艺术是一种审美心境的展开过程。品装饰艺术，其实也是在装饰艺术里寻找诗意，装饰艺术的最高境界不是完全可以读懂的，装饰艺术的美妙在于通过视觉而直达受众者的心灵。面对现在日益变化的公共空间环境，品装饰艺术，不失为向身在嘈杂空间环境中的人们提供一种心灵上的享受。

公共空间与装饰艺术的融合有着自己独特的审美特性和感知方式，在人类基本需要的诸多层级中，审美的需要是高层次的需要。美是可知的、具体的、明快的、大方的，这样的美，是精神力量的源泉。美使人高尚，使人愉悦，使人进取；它使人热爱生活，使人有动力去创造更美的未来。

1.新鲜性

新鲜性，即人们通过对空间环境的视觉感受，所产生的审美感觉。要使一个空间环境对人产生吸引力，那么这个空间环境必须有良好的美感，要给人一种新鲜感，让观者有亲近的欲望。

只有那些让人一见即心生愉悦的事物，才称得上是美的。美的本质实际上是事物的典型性，因此，美的东西就是典型的东西。然而，美并不是事物本身的固有特质，而是存在于观赏者心中的一种感知。这就意味着，每个人的心中都能觉察到一种不同的美。

场所的构建是空间与行为的综合，它是具有明显特性的环境。当人们的活动与空间环境结合时，就形成了具有场所意义的空间。我们通过环境设计，触发人们产生特定的、与活动心理相符合的场所感。场所的个性，是指一个场所有着与众不同、生动且独特的性格，其能使人们在一定程度上识别或记忆环境。创造公共空间的场所感，关键在于构建环境的个性，即创建一个既符合公共活动性质，又能够激发人们热情的场所氛围。

在公共空间，我们可以刻意且适宜地利用一些室内设计元素来增强人们的归属感。例如，我们可以通过应用室内尺度要素，在户外摆设桌椅，或者提供各种饮料和食物，使人们产生熟悉感。其实，真正的艺术作品并没有所谓的个别美，只有整体才是美的。这就说明，若一个人不能把自己的观念提升到整体的高度，那么他就无法对一件艺术作品进行客观的评价。

建造空间就是为人类寻找精神家园。因此，设计师不仅要在物质层面上满足人们各种实用与舒适程度的要求，还要使这些要求与视觉审美方面的要求相匹配。美是人们喜爱和想拥有的，凡有生命活力的地方，就有美的意识和形态。人类对精神家园的寻找，是一种高尚的心理冲动。文化创造又将这种幸福转化为人的一种本质力量，而艺术文化满足了人类寻找精神家园的这种心理冲动。人的心理需求是多方面的，艺术所能够提供给人们的审美新鲜感受也同样是多方面的。

2.人为性

人是自然的一员，人与自然相互友爱、和谐相处。人通过道德修养、艺术审美等人文追求，使人的存在和发展保持主体性，使人的心灵世界更广袤、更深沉、更美丽。人总要使其行为与行为的意义、价值和目的相联系，人们有着各自的知觉世界，这是在特定的社会组织中发展起来的，我们属于这种社群并且与社群中的成员在一定程度上共享某种知觉结构。每一个人都会以自己的方式去观察和理解环境，并对环境所呈现的暗示作出反应。

视觉信息是人形成空间知觉的基础。在复杂的心理活动过程中，视线的高低也影响着人的心理活动。当视线高度相近时，人们在心理上容易获得平等的心态；当视线高于别人时，人们一般会产生一种优势心态；当视线低于别人时，则往往会形成一种劣势心态。对于公共空间设计来说，这个心理活动特征有助于解释这样一种现象：人们总是倾向于选择坐在较高的地方。同时，也可根据人们这一心理活动特征总结出一条关于在公共空间观看的坐憩设施的设计原则，提供高于自然人站立时的视线高度（一般可取 1.5 ～ 1.6 米）的空间。

每个人在空间环境中的活动动机不尽相同，在不同时间、场所采用的活动方式也是不一样的。在这里，笔者简单地说一说几种活动的主要形式：放松性活动、游戏性活动、社会性活动、健身性活动。

放松性活动能让空间环境中的人们放松身心，以放松为主要目的的休闲行为主要有散步、慢跑等，这些活动可以使人们的身心都处于完全放松的状态。人们在读书、学习、工作疲惫之时，这种体力消耗不大的休闲活动成了最好的放松方式。放松性行为形式，还可以让人在放松的同时领略到自然的生机与美丽，享受生活的乐趣。

游戏性活动多出现在儿童和老人身上，对于儿童而言，大部分的活动都可以归纳为游戏。通过放风筝、拍球、骑车、玩沙子、滑滑梯、荡秋千、溜冰等游戏形式，儿童的智力和身体可以得到各种各样的发展。而对老年人而言，由于生理原因，其游戏活动多为下棋、打牌、演奏乐器、垂钓等。

社会性活动能够使人们在休闲活动中得以发展友谊、获得知识、表现自我和实现自我价值。人们在公共空间中活动，不仅可以进行体育锻炼，还可以参与到与休闲有关的比赛中去。

健身性活动是空间环境中休闲活动的较高层次，它需要更强、更持久的身体耐力。对于老年人来说，往往是清晨在空间环境中打太极拳、慢跑等；对于年轻人而言，则意味着较为剧烈的活动，如打羽毛球、打网球、游泳、划船、骑自行车。这些活动不仅可以使人们保持生理健康，而且能使人们保持心理健康。

3. 距离性

距离，实际上是指适合的尺度，不同的距离产生的视觉效果不同。良好的视觉距离审美不仅有利于空间装饰文化的发展，而且更有利于装饰文化的稳定。它培养人们在观看、倾听和阅读艺术作品时如何去获得一种形象，这事实上也就是将人们的眼睛培养成为艺术家的眼睛。人们从现实生活中所获取的一个图案、一束鲜花、一片风景、一桩历史事件或一桩回忆，都被转化为一件浸透着艺术活力的物品。这样一来，就使每一件普通的现实物都具有了一个创造物所应具有的意味。这就是自然的主观化，也正是这种主观化，才使得现实本身被转变成了生命和情感的符号。视觉的空间形态，要求人工环境建设完善，城市规划适度，建筑布局合理。城市建筑天际线的整体感强又富于变化，因此，相关人员要在适当的位置合理安置艺术设施，最终目的是要形成线型流畅、富于情调和意境联想的视觉环境。

第四节 基于实证公共空间与装饰艺术的融合

本节就编者实地考察的案例，对公共空间与装饰艺术的融合进行深入分析。

一、实例的设计背景

（一）吴文化的常熟

江苏省常熟市地处中国经济最发达的长江三角洲，它北濒长江，东邻上海，南接苏州，西连无锡，具有得天独厚的区位优势。常熟市全域面积达1 200多平方千米，基本上是自西北向东南倾斜的荷叶形状地理区域。常熟文化是吴文化的有机组成部分，吴文化又是中华文化的有机组成部分，这三者是地点文化、区域文化及民族文化的关系。它们是不可分割的，然而又是不能互相替代的。在吴文化区域的内部，苏州作为文化大都市以及历代州府建置所在地，长期以来对常熟各方面的影响都是极为明显而又深刻的。商末，公亶父长子泰伯、次子仲雍让国避奔江南，建立"勾吴"，泰伯、仲雍相继为首领。仲雍死后葬于常熟卧牛山，仲雍又名虞仲，山遂以虞为名。后来，周武王封仲雍裔孙周章为吴君，周章之墓亦在虞山，故常熟被视为吴文化的发祥地之一。

（二）总体规划布局

1.实证概况

"亮山工程"项目在地理上具有一定的特殊性，该项目位于虞山。我们可以从整个项目的规划中看出，本案例借用了中国传统哲学中"和合之美"的理念，融合了山和水的阴阳哲理，同时依靠优越的地理位置，构成了整个城市的文化脉络中心。因此，"亮山工程"的规划具有深远的实际意义。

2.总体构想

"亮山工程"完工后，建立起了一个占地约 12.5 公顷的标志性公共空间，这一公共空间南起读书台，北至虞山公园，西自虞山新村，东至北门大街。这一公共空间的设计目的为重现明代诗人沈玄"七溪流水皆通海，十里青山半入城"的美丽画卷。

二、公共空间与装饰艺术的融合

（一）整体地形地貌装饰与装饰艺术的融合

为了巧妙利用原有地形，以及再现环境的良好品质，"亮山工程"在设计时重点突出亮山、增绿，以山为主体塑造空间景观，充分体现出城内自然的山林景色。设计师运用传统造园中的添水手法，挖掘建造一个映山湖，弥补虞山东麓缺水之不足，充分展现山、水、城一体的特色。

整个地形地貌装饰沿用了原来山麓的地形线，自然过渡到山脚，主要以中国传统园林造景手法为主，线条流畅、曲折多变。该工程在地形改造上因地制

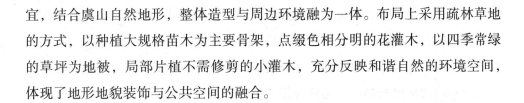

宜，结合虞山自然地形，整体造型与周边环境融为一体。布局上采用疏林草地的方式，以种植大规格苗木为主要骨架，点缀色相分明的花灌木，以四季常绿的草坪为地被，局部片植不需修剪的小灌木，充分反映和谐自然的环境空间，体现了地形地貌装饰与公共空间的融合。

（二）景观小品装饰与空间的融合

常熟市公共空间内的景观元素——石凳的装饰，打破了传统的方正形态样式，腰线略带弧度。材质上，为达到与城市公共空间的融合，设计师采用了与地面铺装相协调的毛石。色彩上，设计师选用乳白色的瓷砖与地面的青砖相融合。整个外形轮廓来源于佛祖讲经座型，富有传统特色的中国装饰纹样与规整的外形相融合，打破了单一空间景观元素的装饰风格。

草坪灯设施的装饰艺术来源于中国古代宫廷内宫灯的基本造型，整体简洁朴实。在形态上，和周边古建筑环境相融合；在色彩上，设计师运用了自古被视为中国的吉祥色——红色，与空间内传统古建筑群色彩相融合；在材质上，设计师选用了中国传统建筑材料——木材及半透明玻璃，与整个空间的石材、木材相融合。

常熟市公共空间内一大型灯柱的装饰艺术来源于古代皇冠、烟囱、宫廷宫灯等造型，既起到隔离与分隔空间的作用，又具有照明功能。在用色上，设计师运用了与地面铺装相一致的米黄色与黑色，实现了与空间环境的融合；在形态上，设计师合理运用方块叠加法，采用米黄色方形与黑色条形相结合的形式；同时，在灯柱表层雕刻了对称式弧形，与周边弧形空间形态环境相融合；在材质上，设计师选用与地面一致的建筑材质，体现了城市公共空间与装饰艺术的融合。

（三）地面装饰与空间的融合

常熟市公共空间内的景观元素，即入口处的旱喷下沉式圆形水池广场的装饰艺术来源于圆形转盘以及"天圆地方"之说。其既与整个硬质空间形态相呼应，又起到汇集人群、聚集人们视线的作用。在喷泉喷出圆形水柱时，与平面圆形装饰铺装相融合呼应，一个是立面状的圆柱体，另一个是水平圆；在用色上，设计师以米黄色与黑色为主，适当加入中国红装饰铺装，采用黄红相间的形式与四周的坐凳相协调，达到与整个空间环境的融合；在形态上，设计师合理采用几何叠加法，多以圆弧线为主，连续同心圆叠加意蕴"同心一致"的文化，与空间环境相呼应；灯柱表层雕刻了对称式弧形，与周边弧形空间形态的环境相融合；在材质上，设计师依然选用与地面一致的建筑材质，体现了城市公共空间与装饰艺术的统一性。

旱喷下沉式广场的水池周边由景柱按一定间距形成一半圆弧形，另一边对应的半圆弧形则正对交叉路道。设计师将入口景观与市民聚集区通过该景观元素和谐地融合在一起，与整个空间环境相融合。

第六章 科技型公共艺术
——智能设计

第一节　公共艺术智能设计的定义与特性

一、公共艺术智能设计的定义

公共艺术智能设计目前还没有统一定义，当代艺术中的动态艺术、可移动装置等可以被称作早期的互动型公共艺术。交互意为互动、交流信息、合作、相互影响、相互作用。简单来说，交互，即双向互动的意思。伴随着科学技术的发展，人们可以在使用智能材料的基础上加入以智能技术为主的艺术形式，实现公共设施艺术化、智能化的设计理念。

目前，人们已经步入智能时代，但生活中的公共设施依然存在着工业时代的特征，如产品的造型单一、机械僵硬。工业时代的产品强调的是功能实用性，忽视了塑造城市文化精神与提升公众的审美性。通常工业时代的产品给人以造型生硬、配色单调和不想过多接近的心理感受。在生活中，人们越来越追求生活品质，人的精神需求也必将成为主导。公共艺术没有更好地融入城市空间环境，公共设施缺乏人性化设计等诸多问题，需要被重新审视、思考与解决。

公共艺术智能设计的定义有两方面内容：一方面，是指公共艺术能够通过智能化实现人与媒体终端之间的数据交互过程；另一方面，是指设计师要在艺术创作中利用节能环保材料，强调智能设计的节能环保性。与传统公共空间艺术设计不同的是，智能公共艺术设计更加强调的是利用智能材料进行创作并以智能技术为支撑。智能公共艺术包含采用环保型材料建造的建筑、采用创新型材料制作的艺术装置，以及智能型公共设施等。

目前，在公共艺术装置、公共设施的实验与设计方面，我国拥有很多先进的科研成果。通过向国外学习基础工艺方法与空间整体性的设计理念，我国城市公共艺术的规划维度与深度一直在拓展。我国的城市规划理念正由统一模式化、国际标准化的模式转型为文化城市特色化及切合城市实际发展等具有地域特征的方向。目前，我国现代的公共艺术装置与公共设施设计正朝着设计人性化、功能综合化、高科技智能化、细节精致化、造型抽象化、环境整体化的方向发展。整体设计理念向着公众参与自由化、社会融合文化、环境生态化、人的深层次意识领域进发的方向发展。

二、公共艺术智能设计的特性

（一）艺术性

艺术性作为公共艺术智能设计的最基本特征，能够带给人对艺术作品的审美感受并传递艺术精神，审美性是公共艺术智能设计艺术性的首要原则，体现着艺术的灵魂。公共艺术就是通过视觉审美的艺术形式，表达创作者的思想情感，满足欣赏者的审美感官与精神交流的需要。公共艺术的审美活动首先是生理的审美，进而是心理的审美，最后达到思维的审美。生理的审美是对公共艺术造型的初步感官感受；心理的审美是对客观事物的美感印象；思维的审美则是对公共艺术精神的解读与思考，是以理性的思维去解读与理解公共艺术作品所表现的丰富内涵和精神力量。由于艺术参与者理性思维的感悟使审美活动升华到精神交流的维度，因此他们能够获得拥有感官维度和精神维度的审美体验，这种精神力量可以带给参与者强烈的感染力。艺术参与者作为审美主体，通过艺术审美活动最终获得视觉满足和精神愉悦，从而形成一种自悟、自觉的理性力量。这正是公共艺术的审美性与艺术性在艺术活动中发挥价值的体现与重要作用。

公共艺术的艺术创造性主要通过三个途径实现：一是作品喻义与空间语言的艺术性；二是作品与环境关系的相互呼应；三是作品媒介材料与造型方式的艺术性。审美正是艺术活动的最基本方式，但又是最高层次的思想交流方式，这就要求设计师在设计时要突出公共艺术的本质特征，要从审美的角度进行设计思考。公共艺术智能设计的艺术性本质正是公众参与艺术审美的活动，所以说公共艺术的人文价值与艺术精神就是生活空间的审美化与艺术化。公共艺术智能设计首先需具备艺术美感，艺术美感体现在作品造型、尺寸、色彩、材质等方面，同时作品强调融入周围空间环境，此时艺术性成为人、艺术作品与空间环境的连接点。

（二）能源性

公共艺术智能设计的能源性体现在其是以太阳能、生物质能、风能、地热能、潮汐能、水能等自然动力能源进行艺术设计的形式。这种公共艺术既利用可再生能源保护环境，又是新颖的艺术装置，是一种融合了艺术性、实用性和能源性的全新艺术形态。公共艺术在自然动力能源的基础上，融入智能化设计，进一步改善公共艺术服务于人的功能，丰富了公共艺术的基本性质。能源性是公共艺术智能化设计的显著特征，可再生能源装置是公共智能艺术设计的核心力量。因为可再生能源在自然界可以循环再生，所以它能够为公共艺术智能作品提供循环清洁能源。由此看来，人类在参与公共艺术智能设计的过程中，能源型智能公共设备一方面可以减少能源消耗，另一方面能满足人类生活需求与交互体验，为城市创建了可持续发展环境。

位于波士顿某公共广场的风向标在风中旋转，与 LED 灯一起工作，将该广场变成具有生命力的公共空间。不锈钢灯柱的顶部是风叶片，随着风力强弱变化，风叶片能够呈现不同的颜色，为人们提供风力信息。灯杆垂直向上伸出，外部是照亮风向标的镜面基座，该镜面基座是在地平面上的投影。每个灯柱都是使用单根金属线束制作的，这些金属线缠绕在结构杆周围，形成一个细密的螺旋状半透明屏幕，从底座逐渐向天空伸展。晚上，LED 灯杆可以辅助寻路，风力涡轮机将风能转化为光能，驱动所有的照明设备，突出了这个项目的可持续性。智能风向标可以为人们提供当天的天气讯息，智能灯柱可以 24 小时照明。由此可见，风力涡轮机利用风这一可再生能源在智能公共艺术设计中起到了重要作用。从环境保护的角度看，这件艺术作品实现了生态可持续设计，体现了公共艺术智能化设计能源性在社会发展中的必要性。

《Light Guard》(《光护卫》)由法国设计师文森特·特拉叙厄(Vincent Trarieux)设计,该作品使用了内置LED灯与太阳能板的金属柱、监测器等材料。《光护卫》在正常情况下会显示蓝光,当海平面上升时,若监测器感应到有可能引发洪水,就会转为红灯,达到警示的作用。波士顿保险中心广场的智能灯柱设计与《光护卫》的意义在于运用可再生能源进行公共艺术设计,从实用功能角度看,它们展现了公共艺术智能化的实际功能,能够解决城市智能照明、预测海平面动态等城市环境问题。从社会发展角度看,这些艺术作品符合城市可持续发展理念。

(三)科技性

公共艺术智能化设计的科技性是指现代科学技术在公共艺术的设计创作、运作使用中所发挥的重要作用。公共艺术智能化设计的科技性特征具体体现在艺术作品主要以传感技术、数字化技术、虚拟现实、人工智能等技术手段为基础,为参与者提供观赏、娱乐体验、查询信息等功能。艺术作品在创作与实施过程中通常会用到传感器、信息处理器、储能装置、计算机技术、数字化产品、软件编程等综合材料和技术。科技性的具体特征有三方面:一是物理机械式的公共艺术,是指公众需要手动等实际操作的智能机器装置;二是虚拟式的公共艺术,是指通过声控、触控等虚拟操控在一个非实物化的模拟情境中互动体验;三是物理机械与虚拟情景结合的设计,是指通过实物操控或者虚拟触控在虚拟场景中体验与感受的公共艺术。科学技术的更新和实践应用在公共艺术智能化设计作品中能够起到关键作用,可以说科学技术推动着公共艺术智能化设计的发展,公共艺术智能化设计在科技的基础上推陈出新。

《影响球》装置形似大气球,坐落在墨西哥城中心的一处公共区域。作品由来自洛杉矶的青年艺术家库里姆·巴特林创作。在透明的气球中,按照人体工程学设计,其里面放置了瑞士史陶布里集团(Staubli)研发的机器人,机器人不停地将城市信息数据用长短不同的直线描绘在大气球的内部,形成各种抽象数据画面,为墨西哥城的街景添加了一道动态且有趣的风景。当夜晚降临时，这些大气球将发出闪烁的灯光，为墨西哥城这条寻常的通道增加有趣的科技景观。这一公共艺术智能化设计也为墨西哥城这座富有历史文化的城市创造了新的文化交流形式，强调人、科技装置、城市环境之间的互动关系。

北京大兴国际机场的 LED 显示屏上展示着由保加利亚的数字艺术家斯托扬创作的《永生》系列作品。斯托扬作为一名数字艺术家，擅长使用逼真的计算机实时渲染技术和数字化模型，来创建美丽而富于变化的裸眼 3D 数字雕塑。该作品被设计成一个完美的循环，创造出永无休止的冥想体验，让观众沉浸其中。

（四）交互性

公共艺术智能化设计的交互性是指公众参与并操作整个艺术体验的过程。交互性就是公众通过某种行为方式来改变公共艺术的某些特征，它体现着用户在某种程度上的参与性特征。在城市公共艺术智能化设计的视野下，公众与艺术作品、公众与艺术家之间的相互作用都是互动行为。交互性的特点表现在三个方面。一是在方案设计之初，艺术家或者设计师就已经把人的观赏或者阅读行为纳入设计方案中，甚至思考以何种交互方式让观众参与到作品中。二是作品对参与者的反馈是多形态的，它的变化性与不确定性冲击着人们的感官与心理，并且吸引着观众进行互动与感受。三是基于融合的特性，公共艺术智能化设计作品拥有多种呈现方式，如声、光、电、虚拟动画等，其以有形或者虚拟的形态出现在公共空间中，并且通过科技设备与人的行为动作、环境的温度、声音等进行互动。

西城广场位于美国北卡罗来纳州教堂山，是城市总体规划倡议中的第一个发展项目，以较大的行人导向景观为大学城增添活力。雕塑装置的总体外观是线性的，它的内部装置能够将水变成雾状，达到降低广场环境温度的目的，水分散、蒸发的过程构成了水循环。夜晚，雕塑的钢铁材质与交互式 LED 灯的视觉效果让公众感受到一种夏日里清凉的舒适感。这个项目不仅有行人导向功能，而且具有智能降温功能，同时交互式 LED 灯在公共空间中也能够营造出一种人与城市亲密互动的氛围。

第二节　公共艺术智能设计的基本类型

一、能源型公共艺术

能源型公共艺术是利用风能、生物质能、太阳能、地热能、潮汐能等自然动力能源进行艺术设计的公共艺术类型，是指将艺术作品放置在自然环境中，自然能源可以带动公共艺术装置运行。这个类型的公共艺术常见的表现形式有运用能源储能装置，先将风能、太阳能等自然能源转换成电能，然后这部分电能将被用来提供城市照明并为城市市民充电，还可以供其他形式的城市公共设备运行。这一类型的公共艺术解决了城市能源问题，节约了能源，满足了城市人民的日常需求以及减少了公共艺术设计对环境的污染，有利于达到城市的可持续发展目标。

《风的踪迹》是 2010 年拉吉在迪拜举办的设计比赛的作品，游客能够利用头顶上空四个旋转的风巢装置产生的风能和太阳能来给手机充电，作品预计年发电量为 8 000 千瓦时。其设计搭建了 1 203 根高度为 55 米的风力发电杆。发电杆根部安装在直径 10 米至 20 米的混凝土基座上，电杆是底部直径为 30 厘米、顶部直径为 5 厘米的圆锥体结构。每根电杆上安装压电陶瓷电极元件，电极间由电缆连接成发电矩阵，由压电效应替代了传统风机的转子发电原理。并且，它还采用了极富视觉感染力的电力可视化艺术表现方式，每根电杆顶部安装有 50 厘米高的 LED（发光二极管）灯。它亮度的明暗变化是随着电量的高低而产生的，有无发电的状态通过 LED 灯的明暗对比可以直观地看出。混凝土基座内都安装了扭矩发电装置，这是为了使发电量最大化。此外，由于风力发电功率会随风力密度变化而起伏，这种不稳定的电力不能直接并网，因此设计团队还设计了储能系统，即在所有电杆的下方设置两个呈漏斗状的大型储水容器。当风速增大时，电杆产生的富余电力会启动水泵先将水从下部容器提升至上部容器；当风速变小时，上部容器中的水回流并驱动叶轮机发电，从而使储能系统有效地平衡峰谷电力，风的踪迹每年约可产生 2×10^7 千瓦时的电能。当有风吹拂时，产生的电力能让发电杆在原野中发光。设计师的这一灵感源自麦梗随着微风飘动的景象。

"藻类花园"是由一群德国设计师设计的一座开放式藻类花园，使用的能源技术是微藻生物反应器。筛网状的材料提供了藻类最理想的生长环境，以此来产生沼气，它的年发电量为 4.36×10^5 千瓦时。海藻景观提供了两个层次的环境空间连接。第一层是生物质能的技术生产，这里能够创造城市基础设施建设和能源生产的循环功能，进行光合作用的藻类生物通过二氧化碳和营养丰富的废水生产氧气和得到清洁废水。生物质能的技术设施就像一个城市的过滤器，其作用是清洁空气和水。藻类可以用于生产食品和转换成天然气形式的能源，这些能源再次为居民和城市提供服务。第二层提供了空间功能性和氛围多样性。这不仅是一个提供信息教育的地点，还是一个能俯瞰哥本哈根的开放空间。此外，它周围有一些酒吧和咖啡馆，人们在这个花园中还能进行多种运动和户外活动。所有这些空间的运用都直接刺激了藻类的生产。通过这种方式，藻类花园将能源的输出与城市及其居民相连接，揭示生物质能生产的潜力，呈现日常生活中运用藻类景观和城市内部能源生产和运作的过程。

《迎接太阳的问候》是由克罗地亚建筑师尼古拉·巴西奇设计的公共艺术装置，圆形广场内铺装 300 个太阳能光伏玻璃盘、地面 LED 屏，图案随着人们的运动而变化，并且环绕着海浪的声音。利用可再生能源创造的城市公共艺术从环保节能的角度营造了居民与城市互动的空间，增强了居民与城市的互动关系。

二、感应型公共艺术

感应型公共艺术是指通过改变人的声音、动作、自然气流、温度、湿度等物理状态来触动公共艺术本来形态变化的艺术作品。感应型智能公共艺术通常会在作品内部设置传感器，通过传感器接收外界气流、生物的声音或动作的变化来改变作品本来的状态，一般由传感器、控制器、执行器并以造型艺术设计的形式呈现。感应型智能公共艺术依托的感应技术是用于利用自然资源获取信息，并对之进行处理（变换）和识别的一门多学科交叉的现代科学与工程技术。感应技术形式包含光学感应、手势感应、环境感应、红外感应、电磁感应、重力感应、三维感应等。

由 HQ 建筑事务所设计的公共艺术装置位于以色列特拉维夫市，该项目名称是盛放的花朵。在装置的艺术性基础上，它还兼备智能路灯的功能，花朵互动装置的设计主要是为了美化该地区的城市空间环境，使得整个区域看起来更加生动而富有活力。该装置总共包含 4 个巨型花朵，每个花朵被放置到 9 米多高的半空中，两个为一组。它们被放置到道路两处的关键位置，当人们或其他运动物体经过时，它们就会随之绽放。当人离开之后，花朵随之收起。夜幕降临后，花朵照明装置散发光芒，花朵成为广场上造型独特的光源。路灯的花朵造型与感应式打开方式增添了广场的趣味性，对比普通路灯的造型与功能，这种智能路灯使得广场空间变得更加充满人文关怀，更加具备生机活力。

户外音乐楼梯是一件感应型的公共艺术作品，它改变了人们以往上下楼梯时的感受与体验。设计师将楼梯设计成一个钢琴键盘，上下楼梯的行为就成了弹奏钢琴的活动体验。以往上下楼梯这一单调枯燥的行为如今却因为能在地面上弹奏出优美动听的音乐而变得有趣，由此可见，户外音乐楼梯能够带给人们生动优雅的视听享受与互动体验。

设计师在每一层的钢琴楼梯下面铺装了压力传感器、扬声器和灯光装置。当人们上下楼梯时，压力传感器就会接收来自人的压力信号并向扬声器传递发声信号，然后人们就可以听到悦耳的音乐。压力传感器在给扬声器传递压力信息的同时也会触动灯光装置，人们走的每一步都会让琴键发光，在夜晚还起到了照明作用。音乐楼梯的设计结合了钢琴键盘的艺术造型、灯光与音乐的感应装置，在丰富空间视觉效果的同时给单调的户外空间增添了趣味，深受人们的喜爱。

三、互动型公共艺术

互动型公共艺术是包含数字化艺术、新媒体艺术等科技与艺术结合度很高的艺术作品，其包含以动作采集器、数据处理器等为主的多媒体互动系统，以实体装置、虚拟投影或者实体装置结合虚拟投影等形式实现。互动型智能公共艺术在实践过程中涉及了多个学科领域，技术融合性强，所以作品的实践通常需要多个学科领域的专业型人才、技术人员通力合作，多以团队合作的形式完成作品。该公共艺术的互动形式有人机互动、界面互动、虚拟情景互动等。

水晶音乐雕塑被安装在日本东京银座的索尼广场上。整个雕塑集合喷泉、水、圣诞树、音乐等概念，音乐雕塑将声音与光的效果引入传统雕塑中，形成新型雕塑。摄像头与传感器相连，每当人们向音乐雕塑前的募捐盒内丢硬币时，音乐雕塑会响应人们的行为，将变换不同颜色的光与音乐作为反馈形式，以声光电的艺术形式回馈人们的公益行为。不同于以往的静态艺术作品，人与声光电艺术的交互方式构成了数字化艺术的重要部分。

在澳大利亚卡布里尼医院儿童病房的入口处，每当人们经过这座卢梅斯（LUMES）互动墙，它应用的 LUMES 系统与墙面内嵌的感应式灯光就会自动显示图像特效，会随着人的运动或者手势趋势不断变换各种动态图案，可以是上升的飞机、运动的汽车、生长的植物等。生病的宝宝处于这些梦幻的乐园景观中，能够被引起童趣与好奇心，从而减少对医院和治疗的抗拒感，起到心理安慰的作用，鼓励宝宝积极面对生病状态。LUMES 是一种数字化的墙纸，它内部采用的是可持续性的 LED 灯和感应器，外部材料是木板、亚克力和布料。其在空间中应用时既可以与室内环境融为一体，又可以清楚地发出缤纷闪烁的灯光效果。它还可以安装在任何墙面上，以不同的尺寸和造型进行排列组合，按照动画系统的软件编程来生成个性化的动画图案。

21 音乐秋千由设计团队 Daily Tous Les Jours（每天）设计，项目建在加拿大魁北克，主要负责人为梅利莎·蒙盖和穆娜·安德鲁。经历过大规模的基础建设，艺术广场位于歌剧院与魁北克大学蒙特利尔分校理科大楼之间。目前，它由步行道与小亭框架组成区域，成为商贩的食品摊和工匠们的展示空间。该设计团队旨在创造一件融合艺术与科技的公共艺术作品，吸引和促进人们回到这个因长期建设而无法进入的地方。

21 音乐秋千会随着观众的摆动发出音符，当观众随意摆动 21 音乐秋千时，它就演奏独立零散的音符；反之，当秋千统一摆动时，就形成一段和谐的旋律。21 音乐秋千的初始音乐装置包含九条秋千演奏钢琴的音符，六条秋千演奏电颤琴的音符，六条秋千弹奏吉他的音符。过了几年，设计师又在其中添加了竖琴的音符。随着科技水平的提高，设计团队逐步精进该工程，如增强秋千缆索，改善秋千座位的照明组件，拓宽乐谱的音符，并于 2012 年加入了互动投影系统——21 障碍。21 障碍是一个大型数字弹球游戏，游戏由摆秋千的人与随行者一起开启。随行者使用手机向投影 21 音乐秋千的建筑墙发射一枚弹球，21 音乐秋千的运动掌控着虚拟障碍的移动，而弹球必须穿越这些障碍。弹球与 21 音乐秋千、虚拟障碍进行的互动，带给人一种娱乐的视觉效果。

21 音乐秋千实现了人、广场、作品之间的多元互动，并且提高了人们的参与程度。最初，它只是一个一次性的临时项目。由于公众参与性的提高以及交互性方式的升级，它成为每年都举行的公共活动。

第三节　公共艺术智能设计的技术因素

一、新能源技术

新能源的定义在不同的国家有不同的解释，它是一个广义的概念。新能源是相对于常规能源而言的，泛指常规能源（石油、天然气、煤炭）以外的各种能源。新能源技术是高科技的支柱，包括太阳能技术、生物质能技术、风能技术、地热能技术、海洋能技术等。在经济进步和社会发展的驱动下，人民的生活质量有所提高，在这一过程中，能源起到了基础且关键的作用。然而，如果我们不断地以目前的速度生产和消耗能源，那么现有的能源消费模式将难以为继。与此同时，随着环境安全问题的日益严峻以及社会的不断进步，人们对可再生能源生产的需求也在不断增长。因此，建设能源资源系统已经成为社会的一项紧迫任务。

太阳能是我们最为熟悉的新能源之一，它利用太阳辐射能量来进行光热转换和光电转换，为人们提供所需要的能源。太阳能作为代表性的清洁能源，对环境不产生污染，并且可再生，是目前最理想的清洁能源之一。由于太阳能的低碳性和可持续性，国内外纷纷投入太阳能的研发与应用之中。国外对于太阳能技术应用在城市公共设施中的研发时间早，优秀设计案例居多。正如纽约设计师设计的《光庇护所》，它是由40公里半透明且有弹性的太阳能发电缎带附着在支架上制作而成的，可以吸收太阳光并产生电能，而且每10米长的缎带可以借助风的震动来抖掉灰尘和污染物颗粒。相对比而言，我国的太阳能开发已居世界第一位，但是在技术应用层面相对薄弱，太阳能产品需要进一步完善功能与提升设计。在国内，该技术目前主要运用在绿色建筑、新能源汽车等方面，而且还在公益性建筑物、其他建筑物以及道路、公园、车站等公共设施照明中推广使用光伏电源。太阳能光伏发电是目前较为成熟的技术，其应用的市场障碍主要是成本过高以及硅材料短缺。由于光伏发电价格高昂，国内光伏市场发展稍慢，但一直处于稳步发展和上升的状态。

生物质能是通过生物质的光合作用将太阳能转化为化学能，储存在生物质内部的能量。生物质是指利用土地、大气、水等通过光合作用而产生的各种有机体，包括动物、植物、微生物。它与太阳能相同，具有可持续性与低碳性。人们利用现代技术可以将生物质能源转化为常规的固态、液态和气态燃料。

二、人机交互技术

人机交互是研究人、计算机以及它们之间相互传递信息的系统技术。用户界面是计算机端口的形式之一，它作为媒介，能够实现人与计算机之间传递、交换信息，是计算机系统的重要组成部分。人机交互强调的是交互系统技术和输出端口造型设计，用户界面则是计算机的关键组成部分，二者关系紧密，但又是不同的概念。人机交互经历了从手工操作计算机到计算机自动服务于人的发展历史。随着科学技术的不断发展，人机交互技术从最初形式单一的图形用户界面阶段及网络用户界面阶段发展到今天较为自然的多通道、多媒体的智能人机交互阶段。多通道用户交互是指一种通过利用多通道的感应技术与反馈感应技术（如触觉感应、动作感应）来实现人的多种感觉和动作通道（如言语、眼神、脸部表情、手势、肢体姿势、嗅觉或味觉）与（可见或不可见的）计算机环境通信的人机交互方式。多通道、多媒体的智能人机交互适应了"以人为本"的自然交互准则。

谷歌办公楼的公共互动墙是一个巨大互动的高科技屏幕，它能够显示各种各样的动画效果。任何人都可以通过修改代码的方式来改变墙面视觉方案，从而打造具备任何视觉效果或任何专业水准的个性化定制屏幕。这个巨大显示屏被称作 AnyPixel.js，是谷歌打造的一个开源软件和硬件框架。AnyPixel.js 由5 880 个带有灯光的拱形按钮作为互动像素，拱形按钮内置颜色可变化的 LED

灯并且是可交互式的，然后通过一个网络连接来控制这些按钮。每个像素都可以不同的颜色展现在屏幕上，因为按钮是交互式的，显示屏可以像触摸屏一样使用，人们可以点击任何一个按钮和这个屏幕互动。

语音技术属于人机交互技术范畴，它能够通过语音识别技术和语音处理技术实现人与计算机之间的信息传递和对话，关键技术有自动语音识别技术和语音合成技术。将语音交互技术融入城市公共设施，让设施能听懂、能理解人类的需求指令，并且能为人类给予反馈，是未来城市公共设施的发展方向之一。目前，语音技术在诸多优秀公共艺术案例中均有所实践。《每个逝去的瞬间》是新媒体艺术家玛利亚·斯塔科夫创作的一个显示有声虚拟花园的电子装置，装置内使用了蓝牙设备。当人们经过显示屏时，任何一个启用蓝牙设备的人都可以看到一朵虚拟的花被种植在令人赞叹的风景中。音效艺术家乔纳森·费舍尔创造了流水的声音以及孩子们欢笑的声音，并使之从扬声器中发出。这座有声虚拟花园通过语音技术和虚拟技术与人们互动：如果两个人靠近说话，花园里的花开得更大；反之，漫不经心的路过者则会看着花园里的花慢慢褪色。

《声光大道》由美国装置艺术家罗伯特·延森（Robert Jensen）、沃伦·特雷泽万特（Warren Trezevant）设计，这个装置由 35 个安装着最新科技的 LED灯的圆弧拱门构成。《声光大道》设计奇妙的地方在于两方面：一是利用科技与艺术结合的呈现方式打破了声波与光波存在速度差的物理规则，无论人们站在装置的哪个位置，看到的灯光和听到的声音都将会是同步的，可以体验直接"看见"声音的感觉；二是两位艺术家又为整个装置设计了一套声音驱动系统，系统会将声波进行接收和识别计算，接着展现不同的光影色彩、亮度，如果音色、音调或声音频率不同，所展示出来的光影变化都会有区别。光源装置和声音驱动系统组成了一条长达 180 米的声光大道，它会随着现场音乐变换光影色彩。

三、虚拟现实技术

虚拟现实技术可建立人工构造的三维虚拟环境，用户以自然的方式与虚拟环境中的物体进行交互作用、相互影响，极大扩展了人类认识世界、模拟和适应世界的能力。陈浩磊等学者在《虚拟现实技术的最新发展与展望》一文中分析虚拟现实技术涵盖虚拟现实系统（桌面式、沉浸式、增强式和分布式）、虚拟现实硬件（计算机技术）、虚拟现实软件三部分。虚拟现实技术是一种基于计算机仿真系统创建的沉浸式交互环境，它通过计算机技术生成一种还原现实感的虚拟环境，是一种多源信息技术融合的、交互式的三维动态视景和实体行为的系统仿真。用户可以通过可穿戴设备与虚拟环境进行交互，沉浸到艺术环境中。虚拟现实技术用于艺术创作是其中的一个应用分支。虚拟现实技术正在广泛地应用于军事、建筑、工业仿真、考古、医学、文化教育、农业和计算机领域，改变了传统的人机交换模式。[①]

《水粒子的世界》是一个沉浸式互动装置，是 team Lab 团队于 2018 年设计的。这个作品是一个由多面电子屏幕组成的巨大空间，画面就像是从天而降的瀑布。无数水粒子的连续体组成形似水的线，由计算粒子之间的运动而相互影响着。这些水粒子的移动在空间中描绘出线，当这些线构成一个面的时候，就形成了 team Lab 所构想的虚拟空间中的平面瀑布。当人站立在作品上时，作品会感应到人的存在，人就成为能够阻挡水流的岩石，观赏者可以通过移动自身改变水的流向。作品受到观赏者行为举动的影响，持续变化，构成许多丰富、有趣而又具备专属性的互动画面。专属性是指眼前的画面转瞬即逝，参观者错过就无法再看到第二次相同的画面。这个作品还会超越作品间的边界，和其他作品相互影响，水经过观赏者后会影响其他的作品。这件作品运用的虚拟技术给人们创造了一个动态的、可互动的虚拟空间，梦幻的场景和富有意境的互动方式让人体会到科技之美、艺术之美。

四、降噪技术

降噪技术能够为居民提供一个更加安静、舒适的生活环境。吸声降噪是利

---

① 陈浩磊，邹湘军，陈燕，等 . 虚拟现实技术的最新发展与展望 [J]. 中国科技论文在线，2011，6（1）：1-5，14.

用一定的吸声材料或吸声结构来吸收声能，从而达到降低噪声强度的目的，也可以通过降噪系统产生与外界噪声相等的反向声波，将噪声中和，实现降噪的效果。它的原理是所有的声音都由一定的频谱组成。如果可以找到一种声音，其频谱与所要消除的噪声完全一样，只是相位刚好相反，那么就可以将这噪声完全抵消掉。这种技术被称为有源消声，是一种主动降噪技术。振动是噪声之源，在减振降噪的实践中，通过解决振动就可以有效解决噪声问题。在常见的噪声治理中，当设备运行时，金属板都会产生振动，进而辐射噪声，像这类由金属板结构振动引起的噪声被称为结构噪声。对于这种金属板辐射噪声的有效控制方法，一是在设计上尽量减少其噪声辐射面积，去掉不必要的金属板面；二是在金属板结构上涂敷一层阻尼材料，利用阻尼材料抑制结构振动、减少噪声。这种方法我们称之为阻尼减振，是另一种主动的降噪技术。

环境降噪的实例有高铁声屏障。本书认为高铁声屏障可以融入新能源技术，增加自身的功能性，譬如融入太阳能技术，为周边公共设备供能。目前，出现在市场上的降噪器设计还不够成熟，功能较弱，多数运用在家庭、办公等小范围环境。降噪技术的研发趋势在于提供更大范围的降噪功能，如街道降噪。新的降噪方式可以减小交通、工业、建筑施工、社会生活的噪声，因为建筑施工给周围居民造成了一定的困扰，所以无论是新的降噪器还是新的降噪材料都值得研发。

通过了解以上几项技术，我们可以得出以下三点结论。

第一，公共艺术中新能源技术与人机交互技术相互结合的实践成果已经出现，如眼站点（Eye Stop）项目。麻省理工学院可感知城市实验室为智能车站配备了触摸屏显示器，上面能够显示必要的信息，如公交车时间表或查询到某个目的地的最短路线方案。用户通过一个手指点触即可输入目的地，然后系统将显示他们和目的地位置之间最短的公交路线和其他到达方案。不仅如此，用户还可以用个人移动终端连接电子触摸屏以发布社区公告和广告信息，展现它在公共空间中收集与处理各种信息的功能。除了查询和发布信息以外，Eye Stop 还是一个积极的环境感知装置，通过太阳能供电，能够监测空气质量和发布与收集处理城市环境的实时信息。Eye Stop 旨在融合最先进的传感技术、交互式服务、大数据处理，将社区信息可视化、服务智能化，其基于使用者通过触摸这种简单操作进行交互。

第二，新能源技术与虚拟现实技术结合的研究有新能源汽车、新能源建筑、太阳能光伏发电系统等。然而在公共艺术范畴内，新能源技术与虚拟现实技术结合的艺术形式较少，本书认为未来公共艺术的创作形式将会向着新能源技术与虚拟现实技术结合的方向发展。新能源技术与虚拟现实技术分别有着不同的能源类型与虚拟模式，不同能源类型结合不同虚拟模式，为公共艺术形态的发展提供了多样的表现形式。

第三，技术的结合也影响着公共艺术的表现形式，主要体现在造型和结构两方面。技术的自我更新决定公共艺术必然产生新的造型与结构，技术之间的结合又会产生新的艺术形式。从小的体量分析，技术会影响公共艺术的单个造型与结构；从大的体量分析，技术会影响公共空间的造型，再进一步就是影响城市环境的规划。技术之间的相互融合是为了创造更加以人为本、舒适环保、可持续的生活空间。

第四节　公共艺术智能设计的应用实践

一、公共艺术智能化设计应用案例分析

（一）艺术组织 NVA 作品《光速》

2011 年发生在日本东部的毁灭性大地震，致使三个核反应堆被摧毁。自此之后，能源效率以及接收的替代能源使得日本的利益得到强化。一年后，即 2012 年，横滨"智能照明展"受委托举办了《光速》的首映式。庆典集中展示能源持续性的产品设计、陈列的 LED 灯、太阳能板及其他能够产生并存储绿色能源的技术。《光速》是由苏格兰公共艺术组织 NVA 创作的一项艺术性作品，该组织的主要工作是通过集体行动寻求对城市及乡下风景的重新界定。

来自爱丁堡国际科技节的一组专家，携手 NVA 的首席设计师詹姆斯·约翰逊（James Johnson），一起进行了无数次的灯光实验，材料包括冷光电线、磁带、光缆、分散及非分散的 LED。他们的目标是使用最低电量创造出一种能够显现跑或走的动态变化的光影系统，电能由参与者的运动产生。该作品的设计灵感是通过使跑步及行走的人员穿着经过特殊设计的衣服，衣服照亮穿着人员的举动，《光速》可以刻画人员的行动轨迹。尽管设计过程繁杂，但设计师简化装备，以供参与者使用并挑战所有天气条件下的各类地形。该作品最早于 2012 年在爱丁堡国际科技节上进行过表演。在这个作品中，专家设计了仅仅通过手部运动即可发光的闪光灯源，并结合了包含便携式电池组及无线遥控技术的 LED 灯光组合。由于中央系统统一控制，灯光组合可以立刻变换颜色、

闪光率以及明暗度，结合众多跑步者精心设计的动作，创造出绚丽缤纷的灯光效果。

为了创造属于横滨的《光速》，NVA 的创意总监安格斯·福奎尔（Angus Fauquier）与日本编舞伊豆真纪子（Makiko Izu, 东京表演公司总监）展开合作，目标是在横滨开发一组动态的夜景。横滨拥有人口约 367 万，以具有历史意义的港口建筑、观光海港以及风景园林为特点。新创作的作品名为"三种运动"，在智能照明盛典上进行了连续两个晚上的展出。作品以 100 名经过精心设计动作的跑步者为表演元素，使得位于横滨的地标场地充满动感与活力，如美香公园及不对称的木质通道，甚至延伸至位于国际轮渡码头附近的海洋中。

（二）新加坡《超级树》

滨海南花园是滨海花园三个园林中规划最早、规模最大的一个，其中最令人瞩目的项目是被称作《超级树》的公共艺术项目。该景点由英国景观建筑和城市设计公司 Grant Associates 领衔设计。该公司致力打造一个集自然、智能科技、环境管理和想象力于一体，以热带园艺为重点的 21 世纪景点。21 世纪，智能公共艺术和高楼林立的城区相结合的这种模式，已经成为城市可持续发展的一个重要组成部分。

《超级树》有着类似于未来主义森林的巨型结构。从结构与外形角度分析，滨海南花园占地 54 公顷，其总体规划的设计灵感来源于新加坡的国花——胡姬花的生理结构。淡黄色走道和热带花卉营造出一个充满异国情调的视觉效果，使其成为当地人和游客的休闲胜地。这 18 棵热带风格的人造树，每棵树都由巨型钢和混凝土制成的树干和数千根盘条制成的树枝，高度都在 25 ～ 50 米左右，与城市建筑的高度比肩。其中，两棵树由一条 128 米长的淡黄色空中步道连接，步道悬浮在空中，约有七层楼高。虽然《超级树》是工业原料制成的人工形式艺术品，但它还是重新引入了自然元素作为重要组成部分。《超级树》最高高度为 50 米，打造了一个种有 200 多种植物的垂直花园，植物总数达到162 900 棵。其规模与邻近的摩天大楼相照应，不仅看起来毫不矛盾，反而与城市环境相互融合。从技术角度分析，《超级树》的安装工程复杂，每棵树由四个部分组成：钢筋混凝土浇灌的树心、树干、节能板做的树皮和树冠。《超级树》的每个结构都配有太阳能电池板和防雨台，还是附近温室的通气管道。这些《超级树》中，有11棵安装了太阳能光伏电池和配备了一系列与水有关的降温技术，用于满足照明需要和冷却温室。滨海南花园和耀眼的新产物——《超级树》是一个集园艺、工程和建筑于一体的复杂的三维空间。《超级树》为人们的生活空间带来了自然元素，为胡姬花、其他花卉以及各种攀缘在钢架上的蕨类植物提供了一片乐土。位于树冠下的空中走道则可以通向树顶酒吧和小酒馆，为人们提供了一个独特的社会空间。

《超级树》作为城市公共艺术中智能化设计的典范，值得借鉴的地方主要有两点：一是使用新加坡国花——胡姬花作为超级树的造型元素，这是将城市的文化性融入公共艺术的智能化设计；二是利用自然能源转化为电能、水能，达到智能照明和冷却温室的目的。《超级树》体现了"自然—智能科技—环境管理"的设计理念，给人建造了一个可循环生态空间，减少对环境的污染，从而实现城市的可持续发展。

（三）耐克智能化跑道

耐克公司将一条智能化的LED屏幕跑道建设于菲律宾首都马尼拉。跑道外形宛如一只放大了100倍的跑鞋鞋印，俯瞰下去就像是一只踏在城市道路上的巨人脚印，整体长度约61米。跑道外部周围环绕一圈LED屏幕，内部有灯光视效设施，整个跑道融合了炫彩的灯光设计和虚拟数字动画等技术。

耐克跑鞋内的传感器连接着LED屏幕，这样耐克公司就可以利用射频识别技术追踪跑步者的运动动态。当跑完第一圈时，传感器会将跑步者的速度等信息传递到LED屏幕上；当跑第二圈的时候，屏幕会呈现跑步者的动态影像。实际上，跑步者是在和自己比赛，周而复始，跑步者会不断地提高自己的成绩。这座智能化跑道通过结合艺术设计与多媒体技术赋予普通跑道全新的造型与功能，把智能科技很好地融入市民的日常生活中，实现了城市智能化公共设施与市民之间的交互体验。它不仅增加了市民们运动健身的趣味性，还丰富了公共设施的娱乐性，使单调的跑步运动变成有趣的娱乐健身运动。

二、公共艺术智能化设计的实践思考

（一）从城市公共艺术类型看智能化设计

城市公共艺术包含城市公共设施，即城市家具。在城市发展的历史中，城市家具满足了人们生活的需要、美化与改善了城市环境、丰富与完善了城市功能。但是，随着智能城市的快速发展，人们的生活理念、服务需求产生了巨大的改变，城市公共设施的设计理念需要不断地更新来满足人们的新需求。城市设施的定义由城市家具拓展为智能公共交通与道路设施、智能公共信息与环境设施、智能体育与文化设施、智能休闲与旅游设施、智能公共卫生设施和智能社区设施等类型。城市公共设施的设计理念在原来的功能与造型相结合的理念基础上，演化为审美、交互、体验、智能、服务、功能多元化相结合的设计理念。智能文化设施正逐步走向数字化、互动化，智能化设计理念和指导思想也在逐步实现。尤其是国外的数字化、科技型公共艺术日趋成熟，如斯德哥尔摩《音乐楼梯》等作品将科技装置与艺术结合，改变了人们日常走楼梯的习惯，使人们在运动的过程中享受音乐的美妙，带给人们不一样的互动体验。

智能设计中的构成要素包含人、行为、智能技术、城市环境。从智能化设计构成要素与城市公共设备的类型来看，智能公共信息与环境设施中的太阳能设备是智能化设计较早介入的公共设备类型。智能化设计介入公共设备需要具备自然、智能科技、公民、环境4个要素，可再生能源设备是智能公共服务设备的基础能源，其能够使智能技术在公共设备中得到更好的实现并服务于人。公共信息设施如公交车站点，在智能化设计介入时，可以增加太阳能供能设备。公交车站点通常是由顶面与立面组成的半开放式空间，设计师在设计过程中可以在顶面使用太阳能板储能，当立面空间的广告牌需要照明时，就可以由太阳能板储存的能源提供。

公共艺术智能化设计实践的目的在于满足城市公共艺术参与者、公共艺术智能化设计、城市环境三者的需求，如信息传达、交流体验感受的双向反馈需求。使用者将自己的需求传达给公共设施时，公共设备能回应和反馈使用者的需求。这些公共艺术设施基于感应器、数字化基础数据、互联网、大数据计算等技术与工具，对人员、设备和基础设施进行统筹协调并实施信息化管理与控制。公众参与智能交互行为的需求随着物质及精神文化生活品质的提高而不断地增强，基于数字技术平台和大数据设备的新型城市公共艺术设施，为满足市民双向信息传达与信息共享的需求，必然会建立城市公共设施智能系统。

这种智能化理念的转变能够促进城市公共设施不断创新，发展城市公共环境，实现城市环境的绿色生态、智能管理。这种理念的改变使城市公共设施在形态与功能创新的基础上，更多地思考服务智能化、功能多元化、管理集约化的系统性创新。设计师要增强公共设施与市民之间的交互体验，强调绿色能源设计和低碳设计，使城市公共设施创新不断地满足公众出行、工作、生活、资讯、娱乐等各方面的新需要，不断地优化城市功能、更新城市形象、改变城市生活、系统化城市管理。

（二）公共艺术智能化设计的媒介材料分析

公共艺术的媒介材料是指表现公共艺术审美性与精神内涵的纽带并传达公共艺术功能与理念的材料。公共艺术的传统材料主要为木材、石材、合金、泥土、玻璃、不锈钢、塑料、可循环材料等综合材料。区别于公共艺术智能化设计的媒介材料，当市民在体验和使用基于这些材料创作的公共艺术作品时，大多产生的是单向信息反馈，不会存在双向的信息交流。材料技术的发展、多媒体技术的更新以及新型的公共艺术媒介材料的研发与应用，为智能公共设施设计提供了实现条件。现阶段，城市智能公共设施设计广泛应用的媒介材料是LED与感应装置，尤其以LED大屏幕和字幕应用最为广泛，如城市交通电子导向、电子车位信息、电子宣传栏。电子媒介材料从技术角度为城市公共设施智能系统构建提供了强有力的支持。

LED指发光二极管，它被大批量使用在楼宇照明建设、道路照明建设等方面。LED有自身的一些优点，它的体积轻巧、发热少、结构坚固耐用、节能、环保、无污染，这样的设计材料既节约能源又符合可持续发展原则。在城市公共设施应用方面，许多城市的主要道路、城市综合体、商业中心、高铁站等中心地段和市政区域都广泛应用 LED 显示屏，利用其播放一些宣传视频和活动内容。如此高能低耗的节能环保型材料，不仅节约能源，还为政府树立了良好的形象，也推动了城市品牌的文化建设。在公共艺术创作方面，由于它具备易调光、色彩多样等优点，国内外许多艺术家都倾向使用这种光彩夺目又环保的材料作为创作材料。

传感器是一种检测周围信息变化的装置，它能感受到被测量的信息，并将感受到的信息按规律变换为电子信号或其他所需形式的信息输出，以满足信息源的传输、处理、存储和控制等要求。目前，智能化公共设施中常用到的传感器感知功能有热敏元件、光敏元件、力敏元件、声敏元件和色敏元件等。由于传感器具有微型化、数字化、智能化、系统化、网络化等特点，能够实现智能公共设施的自动检测和自动控制。传感器的存在让公共艺术智能化设计有了触觉、听觉和嗅觉等感觉，让公共艺术设施逐渐变得智能化。

数字信号处理器是一种用来完成某种数字信号处理任务的处理器，它是由大规模甚至超大规模的集成电路组成的。数字信号处理器在公共艺术智能化设计方面的应用有语音处理、图像识别、自动控制等。

第七章　自然型公共艺术
——原生态设计

第一节 公共艺术设计中的原生态之美

一、原生态设计的含义与特性

（一）原生态设计的含义

1.原生态阐释

原生态，"原"的解释有：会意，像泉水从山崖里涌出来。本义：水源，源泉；"源"的古字，水流开始的地方，起源；根本，根由；原来，原不过此数。"生"可分为动词和名词，作为动词，有几种解释：会意，甲骨文字形，上面是初生的草木，下面是地面或土壤。"生"是汉字部首之一。本义：草木从土里生长出来，滋长；生育，养育；生存，与死亡相对；滋生，产生。作为名词，"生"可以解释为：生命，人的一生；生活；生物；天生，生来；生的，未煮熟的；新鲜的；未开垦种植的（土地）。最后一个字"态"，多指形状，是一种存在的方式、姿态、姿势与状态。通俗来讲，原生态就是指一切在自然状况下生存下来的、未受人为雕琢的原始状态，它是对自然、传统文化的渴望，是环境等各方面因素和谐发展的隐喻。

经过这样的探究梳理，我们可以看到，原生态的概念很难有某一个特别的界定。然而，对于艺术创作来说，不是非得寻根求源来找到原生态的答案。原生态只是为了在艺术中得到一种符合现代环境的设计理念，其含义在艺术创作中，没有明显的表露，与诗句、散文一样，带给人们的更多的是一种精神意境。

2.原生态设计阐释

纵观 20 世纪艺术设计发展的历程，原生态设计属于现实主义或者理性主义设计理念的范畴，它与人们探索的新的价值观联系密切。从 20 世纪 70 年代起，接连出现了人性化设计、健康设计以及非物质主义设计等设计思想，原生态设计正是新形势下萌生的新的设计理念。原生态设计作为一种新的设计理念，是与环境破坏、生态恶化、文化缺失的现代城市现状相应而生的，是当今的设计者们讨论、研究和追求的艺术效果。

伴随着社会各界对原生态设计的重视，其界定范围也在不断地延伸，并且扩展到多个领域，如市场、企业背景下的生态营销。今天，我们可以这样描述原生态设计：原生态设计从保护本土特色、文化底蕴、生态环境角度出发，依附于已存在的空间环境，在设计中尽可能地利用环境资源、材料等，考虑作品与环境、与大众的共生关系，并巧妙地应用具备地方特色的视觉语言进行艺术创作。它可以是经过风吹、日化等自然形成的，也可以是经过雕琢而成的。可以这样说，原生态设计是绿色设计、可持续设计以及追寻传统设计形式的综合体，是宝贵的非物质文化遗产。由此可以看出原生态设计理念对于现代设计以及社会发展的重要性，这就要求我们应该将这种设计理念融入公共艺术领域中去。

（二）原生态设计的特性

对于原生态设计，有人更愿意称其为城市文化的回归，是传统文化在社会发展中的沉淀。因此，原生态设计首先具备的是文化特性，除此之外，原生态设计还有其他的特性。

1.自然性

这是原生态设计最本质也是最重要的特性，该特性要求设计师在设计作品时要基于物质本来的形态，倾向对自然环境的关注。

2. 自发性

从原生态设计的自然性可以看出，其发生、发展没有过多地借助外部力量，它是一种自觉的设计理念。

3. 民间性

原生态设计要想体现其文化性，就需要使用本土文化语言对大众的日常生活进行呈现。因此，原生态设计离不开民间这一生存空间。

4. 独特性

原生态设计的自然性、自发性和民间性决定了其存在和变化有不同的社会背景、文化背景和空间环境，并且设计者在创作时要充分考虑这些因素，使自己设计出来的作品具有鲜明的地域特色，即独特性。

早在 20 世纪 60 年代末，美国设计理论家维克多·帕帕奈克（Victor Papanek）就在著作《为真实世界而设计：人类生态学和社会变化》（*Design for the Real World: Human Ecology and Social Change*）中提出了生态设计理念，并引起了极大的社会反响。该书强调设计者要有社会责任感，要有保护环境资源的意识，而不是一味地追求商业价值。

中国已有五千年的文明史，这也是原生态设计在中国产生、发展的重要基础。近年来，随着返璞归真思想的渗透，人们开始审视自身的生存状态，自然、真实的原生态艺术又一次展现在生活中，并且表现在各个艺术领域，如民歌、舞蹈。

在如今各种文化流行的社会环境中，原生态理念让人们感受到自然的魅力，同时也不断地改变着人们的生活方式和审美需要。人们开始重视设计与生态环境、民族文化的关系。综合而言，原生态设计源于人们保护环境、继承文化的社会责任感，是在地域、文化等多方面突出自然性、自发性、民间性以及独特性的设计形式。

二、公共艺术原生态思想的形成及其特征

（一）公共艺术原生态思想的形成

随着社会的发展，人们对生活的理解发生了很大的变化。对于设计者来说，与自然和谐发展并与城市文化及艺术品质相统一是公共艺术的发展趋势。同时，公共艺术创作者要承担保护环境、继承文化的责任，在追求公共艺术原生态发展的同时，还要符合社会审美性。可以这样说，当大众面对一个新的设计作品时，首先应考虑的是它是否给环境或者城市文化带来污染，而不是其是否有审美价值，原生态设计理念就开始形成了。如今，生态和城市文化问题已经成为公共艺术创作者们努力应对的重要问题。也就是说，现代的环境和文化状况，迫切要求公共艺术创作者将原生态设计理念渗透于公共艺术设计。

原生态设计已成为 21 世纪设计的主题，它重在考虑对自然资源、文化的保护，以达到公共艺术作品与大众互动的效果，这种理念与中国"天人合一"的传统思想相统一。公共艺术创作者可以把公共艺术作为媒介，表达与大众的情感交流和体现与自然环境的融合。以往的绿色设计，主张自然的回归，与人的和谐相处。原生态设计理念正是从这个基础上衍生而出的，它的内涵远远超过绿色设计。如今，人们长时间生活于闹市，很难享受到大自然的惬意。当人们厌倦这种生活状态之后，便开始向往自然、清新的生活氛围。

从公共艺术要求出发，创作者需要寻找符合现代生活环境和城市文化的新理念并渗透于公共艺术，扩展公共艺术的介入形式，在此之上体现原生态。首先是人文，这个概念内涵丰富却又难以表述，可以将其理解为人的性格、文化水平以及人生追求等；其次是人文思考，这就要求公共艺术从以人为本的角度出发，展现公共艺术的原生态设计理念。

公共艺术创作者在某种程度上可以被称为环境的组织者，有责任和义务以作品为媒介，给市民带来理念上的支持，并在环境中得到满足。艺术家不能仅仅埋头创作，还要把作品与城市的环境，以及不同用途的公共场所之间的关系设计得统一、和谐。强烈的人文关怀，促使公共艺术原生态思想的形成。因

此，公共艺术只有更好地服务于市民大众，才能得到更大程度的发展。

1. 社会可持续及和谐发展

公共艺术在保护自然环境、满足人们视觉审美和生活水平等方面，具有重大的社会责任。实际上，我们从宫殿、园林等的环境设计、绘画作品，或者文学的思想表达方面，都可以感受到人与自然的相互联系，以及人们对美好生存环境的追求。原生态在思想境界中可以理解为生命、健康的艺术感受，同时其也是绿色、审美和情感的视觉象征。因此，公共艺术设计的发展与城市文化、环境要相统一，这样才能使社会可持续及和谐发展。

环境与资源问题，使原生态设计理念成为国际化的艺术潮流。原生态设计并不是单纯的设计风格的转变，更是设计价值理念的调整。它涉及政治、经济等许多问题，关系到社会的健康发展以及对城市文化的传承，原生态设计思想的源起正是与这种国际化问题紧密相连的。

2. 人类活动对自然环境的破坏推动设计理念的转变

人，依附于自然而存在，同时也是自然的主导者，人与自然是共生关系。但是随着人们创造能力的加强，这种关系逐渐出现问题，如乱砍滥伐、过度放牧等。尤其在进入工业社会以来，人们为了求得更高的经济利益，这种矛盾越来越尖锐，出现了严重的资源损耗和环境破坏现象。当生活受到影响时，人们才开始反思生态、城市文化等因素的重要性。

在欧美等发达国家，市民大众一方面通过现代化的科技手段保护环境和节约资源，另一方面在城市文化和生态思想中汲取精华，并运用于艺术实践。原生态设计正是在这样的基础上，形成的符合现代设计思想的设计价值理念。

（二）公共艺术原生态思想的特征

公共艺术原生态思想要求设计者在公共艺术设计创作中的每一个环节都要尽可能地考虑对资源、环境的影响。原生态设计思想体现的是理念的转变，提倡设计者舍弃"假大空"的设计思想，将设计的重心放在与环境的共融、与城

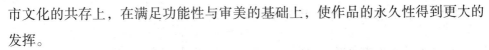

市文化的共存上，在满足功能性与审美的基础上，使作品的永久性得到更大的发挥。

从公共艺术原生态思想的形成来看，原生态设计方法体现出与环境相和谐、与现代设计价值理念相融合、与艺术作品永久性相统一等基本特征。

三、公共艺术原生态设计理念与现代艺术设计

（一）原生态理念在公共艺术设计造型中的渗透

原生态理念是对本土文化与视觉审美的追求，能够体现古朴、自然、真实的艺术境界。原生态艺术来源于民间，由于地域、文化、风俗等方面的差异，原生态艺术产生了多样的造型结构和繁多的风格样式。设计师通过将造型结构与环境呼应，从而使公共艺术的表达更趋完善。例如，巴塞罗那的北站公园，就体现了作品造型结构对于传统文化的继承与运用，旨在借助作品的造型语言表达人们的美好意愿。

龙是巴塞罗那建筑和艺术品的"保护神"，巴塞罗那的许多建筑都有龙的雕刻。在北站公园中，艺术家砌筑了一条隐喻长龙的巨型雕塑，用龙的造型结构突出了作品的主题，表达了对龙的喜爱，并继承了高迪瓷砖龙塑的传统表现形式，塑造了一件尺度庞大、伏卧于草地的巨龙。而且，对于市民来说，这样的造型结构可坐、可爬、可跨，能够进行很好的互动。同时，设计师在公园的南面建起了土丘，使地形变得起伏有序，并与龙在造型上统一起来，从而更好地创造了一个具有整体性的能突出作品特色的环境。

由此来看，公共空间是建筑空间的拓展，优秀的公共艺术应是具有深层意义的造型结构与公共空间的巧妙结合。我们可以根据原生态理念提取地方传统文化的象征物，并将其转化为公共艺术的造型结构。

（二）原生态理念对公共艺术设计形式的影响

形式对于公共艺术极其重要。对艺术本身来讲，反映现实生活或者表达情感，都需要介入艺术形式。有人认为，艺术形式不是空洞的、毫无意义的，它也有着传播文化的作用，如日本的井盖文化。井盖是日本的城市名片，除基本功能外，向导、纪念等各种功能也是设计者需要考虑的重要方面。例如，大阪是历史名城，同时也是欣赏樱花的好去处，在当地的井盖设计中，设计师就以怒放的樱花映衬着的当地建筑作为视觉元素；再以日本北海道来说，那里盛产墨鱼，在北海道的井盖上，形象地描绘了三只墨鱼。由此可见，日本井盖的设计不仅发挥了作为公共设施的实用性，还让人们在游玩中了解了当地的传统文化。

北京奥林匹克公园中部的下沉广场是集中展示中国文化的区域。如果把中国元素单独地展示，不仅达不到弘扬传统文化的效果，而且容易使作品孤立，不能很好地与环境融合。因此，设计者经过认真考虑，选取具有代表性的视觉元素，并结合所处的环境进行了创作。汉字是中国最具象征意义的视觉符号，设计者将其结构特征运用在公共座椅设计中，不仅将空间环境巧妙地分割，而且让中国文化得到了很好的传播。

樱花、墨鱼、汉字，这些视觉符号取材于民间，带有原生态理念。因此，我们可以发现，原生态理念注重从形式上对环境等要素进行合理使用，使空间环境得以发展和完善。其也注重对文化、风俗等的自然流露，它的渗透可以使公共艺术富有趣味性、象征性。

原生态设计理念关注人与自然、人与文化等方面的关系，强调对城市文化的继承和发扬，同时带给大众更加富有意义的独特艺术。具体来说，原生态设计理念对公共艺术设计形式的影响主要分为以下三个方面。

（1）在空间环境已存在的媒介上进行再设计，寻求朴实、自然，并与文化等相融合的艺术形式。意大利艺术家朱塞佩·佩罗内的作品《它将继续生长，除了那个地方》（*Continuerà a crescere tranne che il quel punto*），选取环境中已存在的树为载体，没有过多的装饰，将作品很好地融入自然，表现了要关注生态环境的艺术主题。

（2）便于拆卸、回收和再利用是这类设计的主要特色。原生态公共艺术设计从延长作品的使用寿命、增加艺术价值出发，对材料或结构的拆卸性进行研究。其不仅关注使用时对环境产生的影响，而且贯穿公共艺术的创作始终。这就使得拆卸为公共艺术获得了更多的再利用价值，也给公共艺术创作者提供了容易拆卸、反复循环可再生的艺术材料，并使公共艺术创作者担负起保护环境和资源的责任。例如，中国 2010 年上海世界博览会意大利馆的设计灵感是从节能减耗出发，运用大量新环保技术，将整个建筑看作一部拥有生态气候调节功能的机器。玻璃幕墙不仅能够遮挡阳光照射，还可以带来更多的电能，节约资源。另外，意大利馆就像积木拼成的四方形，这种形式不仅达到了艺术效果，而且不会给环境带来破坏，非常容易拆卸。

（3）市民开始参与公共艺术的设计、创作及使用等过程，作品可以没有既定的形式或者效果，但要将大众的不断参与及影响范围纳入设计中。例如，深圳市大型公共艺术《深圳人的一天》的设计最大的特点是整个作品的创作采用"从群众中来"的办法，大众的参与发挥了很大的作用。该作品创作者提出的口号是："把艺术家的作用降到零。"在创作之前，设计师和雕塑家对 18 个市民进行了问卷调查，然后将他们的形象以雕塑的形式展示在市民面前。

总之，在公共艺术设计中，必须充分展现作品与市民大众的互动，这样的公共艺术才会区别于其他城市的公共艺术，才是特定环境中的特殊表现。

（三）原生态理念影响着公共艺术设计的风格

美国未来学学者约翰·奈斯比特（John Naisbitt）在《大趋势：改变我们生活的十个新趋向》（*Megatrends: Ten New Directions are Transforming Our Lives*）一书中提出，在信息时代，技术不是万能的，只有与人们的情感需求相统一，它才能为人们的生活服务。[①] 而原生态理念正是作为这个重要因素而存在，它真实、淳朴，具有生命力。

具体来说，原生态理念在公共艺术风格上有两个方面的特点：第一，造

---

① 奈斯比特.大趋势：改变我们生活的十个新趋向 [M].孙道章，等译.北京：新华出版社，1984.

型、风格的运用自然而不失装饰感；第二，视觉语言符号精练且富有文化底蕴，同时不失趣味性。原生态理念注重将现代的艺术风格与原生态语言进行巧妙的结合，使作品既体现艺术价值，又达到质朴、亲切、富有民族特色的艺术效果。

第二节 原生态设计在公共景观艺术中的价值

一、审美价值

原生态之所以是美的，是因为由自然物构成的景观可以营造一种氛围、一种意境，这种意境是超越物质的。哲学家黑格尔认为，艺术可分为三个阶段：一是象征的，完全要依附于物的；二是古典的，物质与精神并重；三是浪漫的，精神超越物质。因此，相较于其他景观形态，亲切自然的原生态景观更容易获得使用者的共鸣与认同，从而达到超越物质的浪漫境界。

（一）审美对象角度

从审美对象的角度讲，原生态景观相对于其他城市景观形态有着重要区别。自然物本身是变幻无常的，有机的自然物有生命变化，无机的自然物也会体现大自然的历史沧桑。如果在我们短暂的生命中无法感受到这些变化，或者说在我们短暂的审美体验中，这些变化可以忽略不计的话，那么植物、流水、土地、动物这些活生生的元素，让置身自然的我们无论如何也能感受到变化，这些变化无疑会对我们的美感经验产生重要的影响。

（二）审美经验角度

从审美经验的角度讲，原生态景观相对于其他城市景观形态也有着重要区别。不管今天的景观形态发生了多大的变化，我们的审美经验仍然主要由视觉经验和听觉经验组成，而很少用到嗅觉、味觉和触觉。在艺术审美过程中，即使存在丰富的感觉，我们也是以知觉为中心，最终服务于对艺术作品的总体认识。但是当我们身处原生态的环境中时，我们所有的感觉在自然的撞击下都被激活了。在自然中，我们不仅能够看、听，还用到触觉、嗅觉甚至味觉。更重要的是，所有这些感觉是作为一个感觉整体而存在的，它们互相联系，共同形成我们对自然的整体感受。

（三）鉴赏评价角度

从鉴赏或评价的角度来讲，原生态景观相对于其他城市景观形态更容易呈现美的状态。哲学上认为，事物美还是不美，关键不在事物具有怎样的形式，而在于事物是否处于呈现状态，处于呈现状态的事物就是美的。相对来说，自然物比人工物更容易进入呈现状态。因为自然物不是依据范畴制造出来的，所以无论用哪种范畴去观看它，它都不会与之完全吻合。因此自然物在一定程度上会抵抗"范畴观看"，进而唤起"非范畴观看"，从而呈现它那美的真身。而人工物是人依据某种范畴制造出来的，因此它能够完全吻合于与之相应的范畴，倾向服从"范畴观看"。从这种意义上说，自然美要优先于人工美。同时，由于人工物是人依据范畴制造出来的，所以人工物中就包含范畴，从这种意义上来说，人工物总是不能彻底呈现，因而总是不美或者笨拙的。

二、生态价值

与传统的以视觉效果为导向的景观设计相比，原生态设计表现出了许多在生态价值方面的优势，特别是在城市生态系统建设中的价值。

城市生态系统是指城市空间范围内的居民与自然环境系统和人工建筑的社会系统相互作用而形成的统一体，它是以人为主体的、人工化环境的、开放性的人工生态系统。由于城市生态系统大大改变了自然生态系统的生命组分与环境组分状况，因此，城市生态系统的功能同自然生态系统有比较大的区别。一般来说，在经过长时间演替并处于顶级群落的自然生态系统中，其系统内的生物与生物、生物与环境之间处于相对平衡的状态。而城市生态系统则不然，由于系统内部的消费者有机体多是人类，而为美化环境而栽植的树木和其他植物,不能作为营养物料供生态系统的消费者使用。另外,城市生态系统所产生的各种废物,仅靠系统内部的分解者也无法完成其分解和还原的过程,因此城市生态系统存在一系列的问题。在人类生态系统的发展过程中,植被大面积消失、自然生态环境破碎或片段化,保存和恢复这些残存的生态环境是城市景观规划的重要任务。原生态设计的理念正是致力于保护现存自然要素和进行积极的生态重建。因此,其对于城市景观的生态价值从微观到宏观主要表现在以下几个方面。

(一)植物群落结构合理

在自然界中生长的植物,无论是天然的还是栽培的,既没有一株孤立生长的个体,又没有完全孤立的种群,植物群落是自然植被存在的基本形式。传统的景观设计通常根据审美的需求和人们的喜好选择并搭配植物,而无视这种自然植被群落的存在。大面积的单一植被种类,其生态功能十分有限。原生态设计强调在植被建设中要以群落为单位,尽可能把乔木、灌木、草本、藤本植物因地制宜地配置在群落之中,达到种群间的相互协调和群落与环境的协调。植物群落最终应当走向更高的生态稳定性,因此其生长和发展过程中的人为干预应该越来越少。

(二)注重自然生态演替

生态演替是指一个群落被另一个群落所替代的过程,这个过程在城市中随处可见。在废弃的建筑工地上,最先定居的是一年生杂草,然后是多年生草本植物和小灌木,接下来则出现了乔木幼苗。如果任其发展,多年之后可形成当地普遍分布的杂木林。一块草地或一块湿地,如果没有人工管理,也会造成同样的结果,最终形成与当地气候条件相适应的相对稳定的顶级群落。而传统的景观设计往往忽视这一规律的存在,使景观养护的工作耗费大量人力物力。例如,湿地设计非常流行,一些设计师不顾当地情况,将湿地布置在水量不充足的地区,由于自然演替的规律必定发生,旱生植物会逐渐代替湿生植被,因此湿地退化在所难免。原生态设计是在掌握这一基本规律之后,对生态环境合理地加以利用。如果希望建立顶级群落，则可通过改变小环境条件来改变种类，从而直接建立顶级群落。如果想保持在某个演替的阶段（如草坪或者湿地群落），则只有通过人工措施使这个过程长期停留。

（三）地带性特征明晰

任何一个群落的存在都需要一定的环境条件，因而每个群落都有一定的分布区，同时，这些群落也能够反映出一个地方的地域特色。因此城市植被建设应根据城市所处的气候带选择当家树种和主要群落类型，即把乡土树种作为城市植被建设的主题。但是目前，在一些人口密集、历史悠久的大城市中，地带性的自然植被可能已经不复存在，广泛分布的大都是衍生的或者人工驯化的植被类型。原生态设计理念使人们希望能够找到所谓的"自然潜在植被"，即在所有的演替系列中没有人为干扰，而在现有气候与土壤条件下（包括人为创造的条件）能够建立起来的植被类型。这种潜在植被是人们在研究这个地区的植被现状、历史以及自然条件的基础上确定的，它反映了植被的发展趋势，更能适应当地的自然条件而获得稳定发展。

（四）生态连通性强

从大尺度的景观建设，如从城市绿地系统的规划角度来看，传统的绿地系统规划多以人们的使用要求为目的，进行空间布局和形态确定。虽然这一规划也有生态价值，但没有运用景观生态学的方法进行构建。原生态设计正是从景观生态学的理论出发，通过提高生物栖息地和绿色斑块的数量，增加生态连通性，有利于维护生物种群或复合种群的生物学和生态学联系，提高整体的生境质量和环境保护效果。通过保护城市景观中一些具有生物栖息作用的生境斑块，特别是那些有可能成为哺乳动物和鸟类栖息地的斑块，人们可以改善城市综合生态质量和生物气候条件。通过保护城市景观中的湿地斑块和河流廊道，人们可以有效地调节径流、防洪减灾、保护城市安全、改善城市气候、支持生物多样性等。

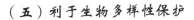

（五）利于生物多样性保护

原生态在生物多样性保护方面的意义已引起生物学家的高度重视，景观设计是一门仍不成熟的专业，它在保护生物多样性方面发挥着决定性的作用。尽管地球环境日益人工化，但通过合理布置林地、绿带、水系、水库以及人工池塘和湖泊，我们仍然可以有效地维持高水平的生物多样性。总体规划不仅要考虑经济效益和环境美观，还要重视对生物种类的保护。

生物多样性一般被理解为基因多样性、物种多样性和生态系统多样性。保护生物多样性经常是从保护物种生存的群落着手。与传统设计相比，原生态设计更加关注城市里已有的自然植被、池塘以及动植物区系，即维持已经建立的稳定的动物和植物区系，尽可能创造不同的生境条件，为特殊的种类提供生育地。即使对杂草也要按情况分别对待，只要它不生长在不该生长的地点（如农田、人工的纯种草坪），都不必一概铲除。设计师在进行传统景观设计时，常常为了突出效果而设计单一树种的树阵。而原生态设计理念则提倡尽量多地运用针阔混交林，避免物种间的直接竞争，提供丰富的生态位供不同物种利用。

（六）利于景观的可持续发展

1972 年 6 月，联合国在瑞典斯德哥尔摩召开了第一次人类环境会议，并通过了《联合国人类环境会议宣言》。整整 20 年后，1992 年 6 月 3 日，联合国在巴西里约热内卢召开了联合国环境与发展会议，会议通过了《里约环境与发展宣言》《21 世纪议程》等重要文件，并签署了《联合国气候变化框架公约》与《生物多样性公约》，充分体现了人类社会可持续发展的新思想。随后，可持续的理念便渗透人类社会中的各个领域，景观设计领域更不例外。1993 年 10 月，美国景观设计师协会（American Society of Landscape Architecture，ASLA）发表了《ASLA 环境与发展宣言》，提出了景观设计学视角下的可持续环境和发展理念，呼应了《里约环境与发展宣言》中提到的一些普遍性原则，包括：人类的健康富裕，其文化和聚落的健康和繁荣是与其他生命以及全球生态系统的健康相互关联、互为影响的；我们的后代有权利享有与我们相同或更好的环境；长远的经济发展以及环境保护的需要是互为依赖的，环境的完整性和文化的完整性必须同时得到维护；人与自然的和谐是可持续发展的中心目的，意味着人类与自然的健康必须同时得到维护；为了达到可持续的发展，环境保护和生态功能必须作为发展过程的有机组成部分；等等。

可持续性，从字面上讲，意味着持续的能力，其至少有两个方面要考虑。第一，作为物种的持续，我们必须满足自己基本的需求；第二，为达到无限的可持续性，我们必须避免"杀鸡取卵"。原生态设计是可持续发展的一种手段，只有了解原有生态系统的物质循环和能量流动的方式，才能重构原有生态系统，实现人类的可持续发展。例如，20世纪70年代中期以来，湿地生态逐步受到学界的关注。湿地的形成是一系列发生在地球自然生态中的极为复杂的土壤化学、水化学、植物和水相互作用的过程。直到最近，湿地的许多功能和价值才被认识。设计师在进行原生态设计时就可以通过从自然界中获得湿地知识来建设人工湿地。目前，在美国，大量的人工湿地被设计用于雨水和废水治理，同时为野生生物提供栖息地。

三、社会价值

（一）回归自然

随着城市化和工业化的不断深入，人们更加渴望亲近自然。因此，在城市规划和建筑中没有恰当地保留自然环境，也就削弱了自然的存在，我们也会为此付出代价。这种代价表现在压力的增大和难以恢复，进一步就会导致公众健康状况的下滑。在日益扩大的城市中，自然景观对人类的健康起着至关重要的作用。原生态设计为人们提供了一种解决方案，其核心理念是尽可能保留城市景观的自然特征，因为它对人类的健康有着不可忽视的影响。通过欣赏自然，人们可以使心灵达到宁静而充实的状态，让整个身心得到休息和振奋。这种基于直觉的传统观念是保留城市中的自然场所（如最早的公园）的主要理由之一。在人类文明的早期，园林设计的初衷是将人们与自然隔离开来，为人们营造舒

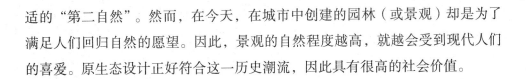

适的"第二自然"。然而，在今天，在城市中创建的园林（或景观）却是为了满足人们回归自然的愿望。因此，景观的自然程度越高，就越会受到现代人们的喜爱。原生态设计正好符合这一历史潮流，因此具有很高的社会价值。

（二）回馈自然

原生态的景观是开展户外教育的最佳场所。户外教育是欧美发达国家教育的重要组成部分。与课本上学到的知识不同，户外教育主张学生通过自主的观察，直接从自然界学习知识。而城市中现存的自然生境越来越少，无法满足学生的要求。因此，设计师就要采用原生态的设计理念并尽量保持原有生境，或者重建生态环境，为环境教育提供基础。无论是儿童还是成年人，仅通过书本接受教育是不足的，只有切身感受到自然环境的优美和生物的多样性，才能不断增强环境保护意识，在从自然中习得知识的同时更好地回馈自然。

四、经济价值

在城市景观中，人类的活动往往处于支配地位，管理技术、经济分析等社会经济手段也成为原生态设计的重要内容，因此城市景观中的原生态设计较其他区域的原生态设计更加注重对人类活动及其效应的研究。事实上，生态问题的解决，必然要涉及社会、经济、文化等各方面，景观本身也正是自然、社会、经济的综合体，可持续发展目标的实现要求人们必须处理好自然、社会、经济的关系。因此，对于原生态设计的价值评判不仅应关注自然设计过程，对人类活动及其经济效应的研究在评判原生态价值的过程中，也应加以关注。原生态对于城市景观的经济价值主要表现在以下几个方面。

（一）降低管养成本

原生态设计的目标在于通过生态设计的手法，最大限度地保护和恢复场地的原始生态环境。人们通过建立场地生态系统，使场地内的景观元素能够达到自我更替与维护，在满足城市景观生物多样性的同时，也可大大降低城市景观的管养和维护成本。

（二）增值城市资产

生物体本身的增长，为社会创造物质财富，有实物存在可以计量、计价，并以货币形式表现出来。因此，原生态景观作为一种活的、有生命的景观形态，随时间流逝其价值也在不断地增长，可以称得上是城市资产的"绿色银行"。

（三）提升城市形象

在城市景观设计中，我们需要关注的不仅仅是景观构筑物。在欧洲许多重要城市中，人们都能够享受到历史悠久的城市公园、植树广场以及林荫大道带来的舒适。原生态绿色景观对一座城市来说相当重要，因为它不仅能柔化人们眼中的城市，而且有助于城市形象的确立与提升。植物可以强化城市景观和城市开放空间，从而重新勾勒城市天际线。

第三节 原生态设计理念在公共艺术中的体现

一、原生态设计理念与空间环境的融合之美

（一）原生态公共艺术设计与空间环境的融合

原生态公共艺术与空间环境的融合之美，是指公共艺术创作与展示的整个过程，要重点强调环境、资源与整个作品的统一、和谐。古人有言，以铜为镜，可以正衣冠。对于公共艺术来说，空间环境是镜子，通过空间环境的好坏以及大众接受程度的高低，可以分析公共艺术的优劣。优秀的公共艺术，它存在和展现的环境应是绿色、生态、和谐的，并受到大众的喜爱。因此，关注生态环境的健康发展，应是公共艺术的重大任务。

以极限主义艺术家理查德·塞拉的《倾斜之弧》为例，作品用铜铁设计而成，摆放在纽约联邦政府移民区大门口，作品和大门之间几乎没有空间，给人们的生活造成了很大的影响。在争议之下，这件作品被移走，这反映了公共艺术不融于空间环境及对人们生活的影响，体现了公共艺术与环境融合的重要性。

为了达到这种融合之美，原生态设计必须贯穿设计师的设计过程，并遵循自然规律与生态和谐。另外，设计师还要考虑创作过程中可能产生哪些污染，这些污染是什么原因造成的，可以用哪种现代高科技手段和材料代替或解决，以及使用之后的公共艺术作品如何处理，等等。设计者们从自然生态的地形、地貌等多方面着眼，建筑材料尽可能地使用泥土、木材等自然材料；雨水、污水乃至垃圾等都能在净化后还原至地下。原生态设计提倡艺术作品要融于空间

环境，强调作品与环境等因素的和谐发展。世界各地有不少类似的建筑形式，如深圳《涌》——竹林中的驿站、越南超原生态的建筑工作室、挪威木巢。人们在这样的建筑面前，感受着它们与环境的融合之美。

从这些优秀的建筑作品中，我们可以看出设计师的良苦用心，他们以营造原生态氛围，达到与空间环境的融合，也只有这样，公共艺术才能在原生态设计理念的指引下有更大的发展空间。

（二）原生态公共艺术设计与空间环境的互动沟通

在许多城市，雕塑、建筑等公共艺术显得杂乱无章，或者占据空间过大，在本应留有空间的地方堆砌了所谓的公共艺术，这成了公共艺术发展的绊脚石。同时，这也使优秀的公共艺术无法更好地进入空间环境。因此，设计师在创作时要思考环境的整体性，特别是从作品的放置空间方面重点考虑。不能解决这些问题，不仅无法表达原有的艺术主题，还会对环境构成威胁，使公共艺术变成视觉垃圾。另外，公共艺术设计作品本身与环境的互融性也是要考虑的方面，否则，传达的艺术情感和艺术效果可能就得不到大众的认可。

因此，设计师在进行公共艺术创作时不应该只考虑自己的意愿，还要加入大众的思想情感，这样的公共艺术才能够被大家认可。公共艺术不仅仅是将作品放置于空间环境，还应该是对地域文化传统的表达。空间环境是大众活动的范围，它不会专为满足某一公共艺术而存在，这就要求设计者充分把握作品与环境的关系，从自然环境中得到构建公共艺术的可能。这样，公共艺术就能很自然地与原生态设计理念结合，并使原生态公共艺术与空间环境的互动沟通更为密切。

总的来说，设计师在创作时首先要考虑作品与环境的沟通，如果设计师从主观出发，太刻意表现自己的艺术思想，就有可能忽略空间环境的重要性。这并不表示设计师的创作思想会受到限制，相反，设计师在创作之前的多方面考虑，能够为公共艺术注入自然的生命力。同时，设计师企图通过环境传达的创作理念，也会更加凸显。

二、原生态设计理念与人文情怀的交融之美

我们在欧洲一些国家经常会见到一种小喷泉似的石雕作品，这种多数是镶嵌在石墙上的雕塑水泉，古时都是提供给马喝水的公共设施。这些作品展示了一种平民文化，发展为今天的公共艺术。

人文情怀可以这样来描述：它是一代又一代传承下来的文化现象，是公共艺术的精髓。设计师在创作公共艺术作品时，要体现文化传统、生活习俗等人文情怀。一方面，人文情怀可以发挥公共艺术服务于大众生活的作用；另一方面，人文情怀可以使公共艺术在艺术角度展现文化的光辉。由此可见，人文情怀的表达可以为原生态公共艺术作品增光添彩。

城市的发展会积淀丰富的历史、文化、宗教、民俗，由于发展的程度不同，每个城市的人文情结也就不同，这些都是城市特色。这种有别于其他城市的文化特色，在原生态公共艺术里就可以理解为人文情怀。罗马的城市雕塑、苏州的园林艺术，都是城市文化与民族精神的产物，是城市不可或缺的艺术魅力。由此可见，设计师要根据当地的人文背景和生活习俗创作公共艺术作品，以便与环境相辅相成，与市民大众产生情感的共鸣。

公共艺术的表现形式多样，但它只有融入当地的文化传统，才能使其主题性和艺术性表达得更为准确。人文情怀表现在原生态公共艺术中，大多以具有纪念意义的雕塑、建筑物的形式出现。例如，后人为孙中山先生修建了南京中山陵，纪念他为民主革命所做的贡献；再如，以设计师名字命名的建筑作品——埃菲尔铁塔，在世界建筑史上也享有盛名。这些都将历史、文化等人文情怀与建筑功能结合起来，使作品的公共性得到了更充分的表现。

今天，面对环境的恶化、文化的缺失等社会问题，原生态公共艺术只有考虑和尊重它所处的城市文化与人们的生活习俗，才会有生命力。将人文情怀表达在公共艺术中，能体现公共艺术的精神需求，并为公共艺术带来更大的发展。

三、原生态设计理念与其他材质的组合之美

将公共艺术放置于空间环境中，要与环境中已存在的自然因素、材质等有关联，不能显得过于突兀，这也是从环境的和谐、统一来考虑。这种材质的多方位考虑，不仅仅指材质本身要与环境相融合，还要关注材质使用的整个过程带给作品的效果，尤其是使用之后材质的可降解性。

在进行公共艺术创作之前，艺术家们应该在形式和结构的考虑之外，更多地去进行关于当地的深入调查。这样，他们才能真正理解作品所需的材质，并能使材质与作品之间达到完美结合，从而令公共艺术与材质进行多角度的融合。公共艺术的创作并不受材质的限制，只要艺术家能充分发挥自然的活力，就可以与大众建立良好的沟通。反之，如果作品无法被大众所接受，那就说明作品可能已经偏离了艺术创作的本质。总结来说，公共艺术应该是对当地情况的深入了解和对材质选择的完美表达，这样才能确保其与大众形成沟通和交流。

2008 年的北京奥运会，从申办成功到顺利举办，奥运场馆的设计始终强调与生态环境中各种材质的融合。例如，主场馆"鸟巢"外壳选用气垫膜为主要材料，不仅可以达到防水的效果，而且照射的光线可以为场馆内草坪的生长带来更多的养料。这种材质与建筑的多方位融合也成为北京奥运会场馆设计的亮点之一。

总之，与不同材质的多方位融合是原生态公共艺术环境融合与互动的延伸，它们能够共同凸显公共艺术的原生态魅力。

四、原生态设计在公共艺术设计中的具体表现

（一）"废""旧"资源的再生与利用

设计师在创作公共艺术作品时，要尽可能地节约空间资源：一方面，空间资源可以发挥公共艺术服务于空间环境的作用；另一方面，空间资源也可以被

更好地利用。从这个角度看，公共艺术创作应注重对空间资源的节约和利用。

伴随工业社会的发展，许多建筑、厂房等被拆除、重建，势必会造成大量的资源浪费和环境污染，而且历史文化、风俗等也被逐渐抹掉。如何解决这些"废""旧"资源的再生与利用，就成为原生态公共艺术不得不考虑的要素。值得一提的是，通过裸露的管线体现现代艺术的法国乔治·蓬皮杜国家艺术文化中心。在创作时，设计者使用了社会发展过程中保留下来的烟囱、钢筋、管线等"废""旧"资源，使其成为巴黎市内的后现代建筑杰作。

澳大利亚雕塑家布鲁斯·阿姆斯图茨（Bruce Amstutz）的《墨尔本登陆纪念》表现了其对墨尔本这个港口的回忆。倾斜的木桩上悬挂的物品是当年最早的移民船上的物品，可以感受到环境与这个地方的历史和文化非常契合。再如济南万达广场的"元神金刚"雕塑，由20辆面包车、16辆摩托车的废旧零件做成。虽然这个雕塑看起来有些破旧，但是仍然显得孔武有力，并成为广场最大的亮点，为万达广场锦上添花。

（二）各种原生态公共艺术设计行为

原生态公共艺术形式、材质、造型以及风格的多样化，再加上表现主题的不同，促使了各种设计行为的产生。尤其在人们思想意识比较活跃的现代社会，设计行为就更显得千奇百怪，如大地艺术、包裹艺术。谈到大地艺术，就要谈到作品《螺旋形防波堤》。它由美国大地艺术家罗伯特·史密森（Robert Smithson）创作而成。史密森在创作时，选用垃圾和石头作为材料，将它们倾倒在盐湖中，形成了巨大的螺旋形堤坝。他旨在让人们进入作品、接触自然，当人们顺着螺旋形堤坝走到尽头时，才发现什么也没有。作品表现了世界终究走向灭亡的悲观艺术思想。包裹艺术如贾瓦契夫的《包裹海岸》，这一作品位于澳大利亚悉尼的小海湾，是将防腐布料用玻璃纤维绳捆绑在巨石上，把海岸线包裹起来。它重在用艺术手段向公众宣传艺术精神，形成让人既熟悉又陌生的景观艺术。

总的来说，大地艺术家尤其强调自己的观念，他们舍弃商业价值，突出表现自己渴望回到远古，与历史和大自然交流的情感。因此，大地艺术作品多以朴实、自然的设计语言表现出对自然的尊重，是典型的原生态公共艺术设计行为。大地艺术的出现，将公共艺术带入了一个崭新的时代，可以理解为对原生态公共艺术展开构想的时代。

此外，公共艺术还可以存在于人们意想不到的地方，如街道地面。艺术家弗朗索瓦·沙因（François Schein）创作的《纽约地铁图》，就是展示在纽约一条普通街道上的灵活、有趣的公共艺术。它的存在不仅没有打破环境的整体性，还给人们的生活带来了便利。

谈到无处不在的公共艺术，不免要提及位于日本东京的立川公共艺术区，这里是日本公共艺术最为密集的区域。从酒店门口的装饰到水龙头、消防栓，乃至通风口，都经过艺术家的精心设计，有的表现为动物，有的表现为自然风景。这些富有创意的公共艺术都可以让久居闹市的人们感受到大自然的轻松、惬意。

同时，生活中还存在一些让人惊异的公共艺术行为，这些艺术多数通过行为艺术的方式进行展示和表达，如爆破艺术。捷克艺术家米兰·克里扎克的"直接的教堂"行为艺术，就是这种艺术的表现。由躯体、大地、和木头组成的十字架，以最直接、最激烈的方式，反映了当时社会的问题。

综上所述，原生态公共艺术设计行为多种多样，创作者借助这种艺术手段表达对自然的向往，从而引起社会对生态问题的关注。分析原生态公共艺术设计行为，可以引导设计师利用环境资源进行创作、与大众进行交流并引起他们的共鸣，从而为原生态公共艺术如何与环境融合提供解决方法。

第四节 原生态设计理念对现代公共艺术的启示

公共艺术是人类在艺术方面对社会生活观念、生态环境理念的思考，以及运用现代技术手段进行的艺术创作活动。因此，设计师要在现代公共艺术设计中尽量利用城市历史文化和人文背景等元素，结合材料和艺术手段表现作品的主题，使其具有生命力，成为活在当下的艺术，同时也让城市转变成充满活力的生态都市。

现代公共艺术在工业、科技的高速发展下，更应该感受到生态环境的重要。这就要求设计师在创作中要保护环境、节约资源、传承文化，同时结合当下的时尚语言，使空间环境变成人们享受乐趣的场所。现代公共艺术，必须能够表现所处空间环境的特色，并且与大众产生交流。此外，公共艺术带有一定的功能性，可以用来满足大众的生活、审美、情感需求。这就需要设计师将空间环境、公共艺术及其功能等都考虑在设计的整个过程中。如果没有公共人文艺术，这种结合是很难实现的，公共艺术的时尚、现代要以原生态艺术为基础。原生态公共艺术有时代性，但是也具备传统性。因此，现代公共艺术要不断用时尚的艺术语言加强对传统文化的宣传，同时也要关注生态环境的成长，使现代公共艺术发挥更大的艺术魅力。

一、现代公共艺术设计要体现对传统文化的传承和再阐释

随着地区与地区、城市与城市、国与国之间的交流越来越频繁，公共艺术在技术、材料、造型结构、艺术形式等方面的差异也变得越来越小，不可避免地出现了一些照搬西方艺术文化的现象。历史文化、人文精神是一个地域的历

史积淀，可以作为区别于其他地域的具有独特价值的因素。将这种优势运用在现代公共艺术中，不仅传承、发扬了传统文化，而且这种结合还能增加作品的艺术价值。例如严威的《中国风》，选取了中国戏曲独有的脸谱元素，并将其概括、重构，以雕塑的形式展现在人们眼前。该作品不仅丰富了空间环境，还弘扬了民族文化。

由此可见，现代公共艺术创作不能只停留于照抄历史文化符号，而应转化为艺术语言并融合在作品中。这样才能创作出体现人文精神、历史文化的公共艺术，满足现代公共艺术的需要。

二、现代公共艺术设计要求装饰与物体和谐交融

公共艺术是审美思想在社会生活中的反映，它不仅是对自然环境美的发现，而且是对折射出公共艺术魅力的装饰要素的美的探究，即装饰与物体要和谐交融。以北京地铁奥运支线站内设计为例，这里堪称装饰与物体和谐交融的典型。该地铁站借用中国古代青花纹样、瓷器造型，青花纹样作为一种装饰就很好地隐含于瓷器中。青花纹样、瓷器造型与地铁站的完美结合更加彰显着北京传统文化的感染力。

艺术家李道明设计的《猴猴先生》，不仅具有艺术观赏性，还有玩耍等实用性，受到人们的喜爱。《猴猴先生》正是从当地的风土人情出发，将艺术作品和人们的日常生活结合起来。在材料和形式的运用上，该作品与周围建筑也达成了很好的联系。正是这样，《猴猴先生》获得了公共艺术"最佳创意表现奖"。

简而言之，当装饰与物体完美融合时，人们会更加关注环境、资源等与公共艺术作品的相互关系，从而使得世界的美与万物的本质相符。

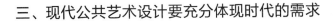

三、现代公共艺术设计要充分体现时代的需求

公共艺术要体现与市民大众的情感互动，这就要求公共艺术要为当下生存的人们服务，反映人们的日常生活。这里并不是说现代公共艺术要丢弃以往的理念，还是指在传统基础上对时代性作出反应。

每个时代有每个时代的艺术风格，公共艺术要强调时代变迁所带来的人们生活水平、生活理念等的变化，体现作品的时代性。拿当今这个时代来说，人们的物质生活已经得到了很大的满足，但是生存与发展的环境陷入了更为复杂的境地。此时，人们就由物质追求转为精神追求。在这种背景下，原生态设计理念才得以产生并在公共艺术领域发展起来。

参考文献

[1] 凌继尧, 徐恒醇. 艺术设计学 [M]. 上海: 上海人民出版社, 2006.

[2] 周之骐. 美术百科大辞典 [M]. 北京: 农村读物出版社, 1993.

[3] 袁运甫. 中国当代装饰艺术 [M]. 太原: 山西人民出版社, 1989.

[4] 王洪义. 公共艺术概论 [M]. 杭州: 中国美术学院出版社, 2007.

[5] 房中明. 浅谈雕塑的空间形态 [J]. 雕塑, 2008(3): 60–61.

[6] 钟远波. 公共艺术的概念形成与历史沿革 [J]. 艺术评论, 2009(7): 63–66.

[7] 刘汉超. 论古希腊城邦时期的公共领域与私人领域 [J]. 内蒙古大学学报 (哲学社会科学版), 2015, 47(6): 67–72.

[8] 田道敏. 亚里士多德 "城邦优先于个体论" 的共同体主义阐释 [J]. 江西社会科学, 2015(5): 45–50.

[9] 张敢. 罗斯福新政时期的美国艺术 [J]. 中国美术馆, 2007(2): 43–47.

[10] 王建柱. 新中国的国徽与国旗是如何诞生的? [J]. 黄金时代: 上半月, 2019(10): 64–66.

[11] 邵晓峰. 探索中的前行: 改革开放 30 年中国公共艺术发展回顾与展望 [J]. 艺术百家, 2009, 25(5): 28–36.

[12] 潘鹤. 雕塑的主要出路在室外 [J]. 美术, 1981(7): 6, 9–11.

[13] 吴士新. 也谈公共艺术的公共性——读《公共性: 道义的熔铸》与彭迪先生商榷 [J]. 美术观察, 2005(4): 20.

[14] 邓思然. 从人与环境的关系谈公共环境艺术设计 [J]. 文艺生活·文艺理论, 2012(6): 66.

[15] 褚海峰. 地域文化在城市公共环境设施设计中的应用——以桂林城市公共环境设施设计为例 [J]. 艺术百家, 2010, 26(Z1): 85–88.

[16] 张玲潇, 冯海燕, 郑建辉. 基于唐山市地域文化的城市公共设施设计 [J]. 文艺生活·文海艺苑, 2015(2): 190.

[17] 姜丽, 于洋. 生活性街道公共设施优化设计策略研究 [J]. 包装工程, 2020, 41(12): 341–346.

[18] 章丹音, 李慧希, 熊承霞. 城市社区微更新语境中的公共设施设计研究 [J]. 包装工程, 2020, 41(22): 320–325.

[19] 王丹丹 . 美丽乡村公共服务设施的规划设计 [J]. 工程建设 , 2019, 51(5): 35–38.

[20] 张勇 . 绿色生态设计理念下的公共空间建筑装饰设计趋势研究 [J]. 居业 , 2020(6): 45, 47.

[21] 金莉 , 罗璇 . 艺术公共空间室内装饰设计初探 [J]. 现代装饰 (理论), 2013 (11): 39.

[22] 张岩 . 谈公共建筑装饰的设计 [J]. 中国新技术新产品 , 2012(4): 163.

[23] 杨绍禹 , 卓凡 . 数物共生 : 人工智能在艺术设计中的研究 [J]. 设计 , 2020, 33(19): 98–100.

[24] 朱一 . 参数化智能设计在当代公共艺术中的价值与应用 [J]. 大众文艺 , 2020(1): 44–46.

[25] 胡晓琛 . 数智艺术 : 人工智能与数字媒体艺术设计教育 [J]. 艺术教育 , 2018(16): 100–101.

[26] 刘传影 . 城市园林景观安全设计与原生态环境利用策略——评《海绵城市建设的景观安全格局规划途径》[J]. 中国安全生产科学技术 , 2021, 17(9): 196.

[27] 李春霞 . 探究园林规划设计与原生态保护 [J]. 现代园艺 , 2021, 44(14): 104–105.

[28] 秦盈 , 符媛 . 赵予凡 : 拥有自己的设计原生态 [J]. 中国建筑装饰装修 , 2021 (6): 16–19.

[29] 王悦 , 廖文菊 , 唐唯 . 生态修复背景下康定市草原生态景观营造 [J]. 现代农业科技 , 2020(20): 186–187, 191.

[30] 冷传福 . 融入原生态元素打造的第一空间 : 原创设计家具品牌 DAaZ[J]. 家具与室内装饰 , 2020(10): 48–53.

[31] 纪凯 . 原生态环境景观设计在城市公园的应用 [J]. 中国建筑装饰装修 , 2020(9): 97.

[32] 俞兆江 . 试析原生态环境景观设计在城市公园的应用 [J]. 现代物业 , 2020(7): 162–163.

[33] 宋聪.圣彼得堡地铁公共艺术设计的特色研究[J].美与时代·城市，2021(9): 50–51.

[34] 梁馨，黄磊昌.公共艺术视角下色彩在公园景观中的应用策略[J].现代园艺，2021, 44(16): 137–138.

[35] 许妍.城市旅游公共艺术设计与全息城市构建研究[J].美与时代·城市，2021(8): 88–89.

[36] 胡斯，喻萍.设计性的艺术还是艺术性的设计？论公共艺术与社会设计[J].公共艺术，2021(4): 44–51.

[37] 苏鑫.面向城市形象构建的公共艺术设计研究[J].工业设计，2021(7): 75–76.

[38] 徐丽丽.原生态设计理念在公共艺术设计中的渗透[D].济南：齐鲁工业大学，2011.

[39] 王东辉.中国当代公共艺术的现状、问题与对策[D].北京：中国艺术研究院，2012.

[40] 袁也.对于城市中原生态景观的保护设计研究[D].重庆：重庆大学，2011.

[41] 王峰.数字化背景下的城市公共艺术及其交互设计研究[D].无锡：江南大学，2010.